주머니 속
버섯 도감

이상선님은 교육학 석사이며 서울과 제주에서 30년 동안 학생들을 가르쳤습니다. 생태 사진을 찍으며 야생 버섯을 공부하다가 본격적으로 야생 버섯을 연구하기 위해 명예퇴직했습니다. 지금은 생태 사진작가로 활동하며 10여 년째 야생 버섯을 연구하고 있습니다.
제주특별자치도교육청 제주교육발전협의회 위원과 중학교 교감을 역임했습니다. 국립생태원 사진 공모전을 비롯해 여러 사진 공모전에서 수상했으며, 〈국립수목원 우리 꽃 전시회〉 등 사진 전시회에 참여했습니다. 2014년 네이버 파워 블로거(사진)와 2021년 네이버 이달의 블로그에 선정됐으며, 2015년 〈제주특별자치도 사진단체연합전〉에서 10걸상을 받았습니다. 지은 책으로 《제주 야생 버섯》이 있습니다.

일러두기

1. 어른은 물론 청소년이나 어린이도 볼 수 있도록 버섯 전문 용어를 우리말로 쉽게 풀어 쓰려고 노력했습니다.
2. 우리 나라에 자생하는 버섯 220종을 다양한 생태 사진 1100장과 함께 종별로 분류해 실었습니다.
3. 버섯 종마다 분류 과명, 학명, 나는 때와 곳, 생김새와 생태적 특징, 크기, 식독 여부를 실었습니다.
4. 버섯 분류와 국명은 웹 사이트 www.indexfungorum.org, 국립생물자원관 홈페이지의 '2020 국가생물종목록', 《식용 · 약용 · 독버섯과 한국버섯 목록》을 참고했습니다.

생태 탐사의 길잡이 13

주머니 속 버섯 도감

이상선 글과 사진

황소걸음
Slow&Steady

펴낸날 2022년 4월 28일 초판 1쇄
지은이 이상선
만들어 펴낸이 정우진 강진영 김지영
꾸민이 Moon&Park(dacida@hanmail.net)
펴낸곳 04091 서울 마포구 토정로 222 한국출판콘텐츠센터 420호
편집부 (02) 3272-8863
영업부 (02) 3272-8865
팩 스 (02) 717-7725
이메일 bullsbook@hanmail.net / bullsbook@naver.com
등 록 제22-243호(2000년 9월 18일)
ISBN 979-11-86821-71-8 06400

황소걸음
Slow&Steady

신비로운 버섯의 세계로 안내합니다

눈여겨보면 숲은 물론 동네 공원이나 길가에서도 버섯을 쉽게 만날 수 있습니다. 풀도 아니고 나무도 아닌 것이 비슷비슷한 듯하지만, 자세히 보면 크기와 생김새가 제각각이고 색깔도 여러 가지입니다.

저는 아름다운 풍경, 멋진 나무와 예쁜 꽃 사진을 찍느라 산으로 들로 자연을 누비다가 버섯을 만났습니다. 어느 날 홀연히 나타났다 사라지는 이름 모를 버섯이 자연에서 어떤 존재인지 잘 몰랐습니다. 그래서 버섯에 더 호기심이 생겼는지도 모르겠습니다. 처음에는 막막했지만, 자연에서 버섯을 만나 사진을 찍고 여러 책을 찾아보며 알아가는 일은 참으로 신나고 신비로운 경험이었습니다.

버섯에 대해 조금씩 알아 가다 보니 궁금한 점이 더 많아졌습니다. 그래서 30년 동안 몸담은 교직을 명예퇴직하고 제대로 버섯을 공부하기로 마음먹었습니다. 10여 년 동안 숲과 들을 누비며 버섯을 만나고, 버섯을 연구하는 분들에게 배우고, 자료를 모으며 연구했습니다. 이런 노력 덕분에 국내 미기록종 버섯 수십 종을 찾아 냈고, 그 중에 확인된 미기록종 45종을 《제주 야생 버섯》에 수록해서 발표했습니다.

이 책에는 버섯 모양의 특징을 담은 생태 사진과 성장 단계별 사진을 싣고, 버섯이 나는 때와 곳, 생태적 특징을 알기 쉽게 설명했습니다. 버섯을 알고 싶은 분들에게 조금이나마 도움이 되기를 바랍니다.

2022년 봄
이상선

차례

버섯이란?

담자균문

담자균아문 주름버섯강 주름버섯목

담자균아문 주름버섯강 목이목

담자균아문 주름버섯강 그물버섯목

자낭균문

버섯이란?

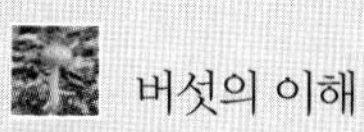
버섯의 이해

버섯의 분류

버섯 부위별 명칭

야생 버섯의 위험

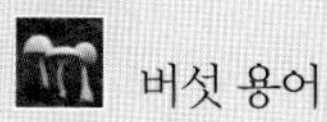
버섯 용어

◎ 버섯의 이해

버섯은 균류 가운데 눈으로 볼 수 있는 크기로 자실체를 형성하는 무리를 말합니다. 식물에 비유하면 꽃이나 열매죠. 버섯은 나무나 풀 같은 식물과 공생하며 생장을 돕고, 병들어 죽게 하기도 합니다. 죽은 나무나 낙엽 등 유기물을 분해해 다른 생물체가 살아가는 데 필요한 영양분을 만들어 주는 등 자연의 순환에서 중요한 고리 역할을 합니다.

우리 나라에 2100여 종이나 되는 버섯이 알려져 있습니다. 버섯에 단백질을 구성하는 아미노산 중 필수 아미노산을 비롯해 우리 몸을 이롭게 하는 성분이 많아, 소비량이 꾸준히 늘어나고 있습니다. 또 암이나 당뇨 등 낫기 어려운 병에 약효가 있는 성분이 풍부해, 미래 생명 산업 원료로 활발하게 연구합니다.

◎ 버섯의 분류

버섯의 분류는 일반인이 이해하기 매우 어려운 전문 분야입니다. 포자를 현미경으로 관찰하며 공부해야 이해할 수 있습니다.

> 버섯은 균류 중에 고등 균류에 속한다. 담자기(basidium) 위에 담자포자(basidiospore)를 형성하는 담자균(basidomycetes)과 자낭(ascus) 안에 자낭포자(ascospore)를 형성하는 자낭균(ascomycetes)으로 나뉜다.

이 정도만 알고, 사진으로 버섯 모양을 살펴보며 분류에 따른 버섯의 특징을 이해하면 좋습니다.

버섯 부위별 명칭

버섯(자실체)의 일반적인 모양입니다. 일부 버섯은 전혀 다른 모양도 있습니다.

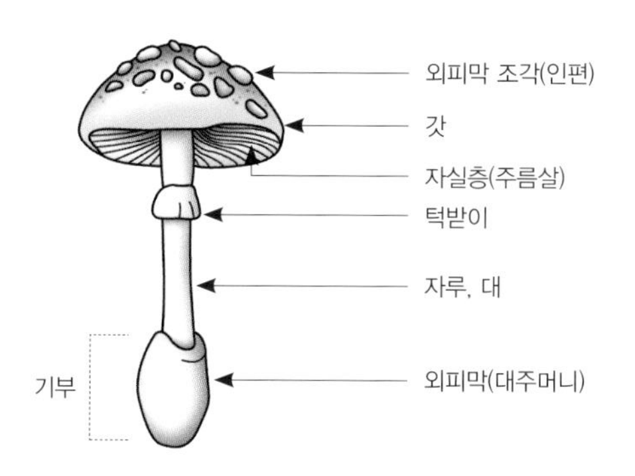

야생 버섯의 위험

해마다 독버섯 중독 사고가 심심치 않게 일어나고, 심지어 목숨을 잃기도 합니다. 야생 버섯을 먹고 어지러움, 메스꺼움, 복통, 구토, 설사 같은 증상이 있으면 곧바로 병원에 가서 치료를 받아야 합니다.

다음은 시중에 떠도는 '독버섯 구별법'입니다.

- 독버섯은 색깔이 화려하고 원색이다.
- 독버섯은 세로로 잘 찢어지지 않는다.
- 독버섯은 자루(대)에 띠가 없다.
- 독버섯은 곤충이 먹지 않는다.

- 독버섯이 들어간 음식은 은수저를 넣으면 색깔이 변한다.
- 버섯 조직에 상처를 냈을 때 희거나 누런 액체가 나오면 독버섯이다.
- 들기름을 넣고 요리하면 독버섯의 독을 중화할 수 있다.

모두 잘못된 상식입니다. 식용 버섯과 독버섯은 색깔로 구별할 수 없습니다. 화려한 색을 띠는 식용 버섯도 있고, 독버섯도 있습니다. 식용 버섯이든 독버섯이든 세로로 잘 찢어지는 것과 잘 찢어지지 않는 것이 있으며, 자루에 띠 유무에 따라 식용 버섯과 독버섯을 구별할 수도 없습니다. 식용 버섯이나 독버섯을 가리지 않고 잘 먹는 곤충도 있습니다.

독버섯 중독 사고를 예방하는 가장 좋은 방법은 야생 버섯을 먹지 않는 것입니다. 식용 버섯과 비슷한 독버섯이 많고, 식용 버섯과 독버섯이 함께 나는 경우 전문가조차 명확한 구별이 어렵기 때문입니다.

이 책에 식독 여부를 '식용 버섯, 독버섯'으로 표기한 버섯은 조금 먹었을 때 괜찮았는데 많이 먹으면 탈이 나는 경우, 어린 버섯은 독이 있는데 다 자라면 없어지거나 그 반대 경우, 데치기를 비롯해 조리법에 따라 다른 경우 등을 말합니다. 식독 여부를 '식용 버섯'이라 표기한 버섯도 야생에서 채취해 먹는 일은 절대로 삼가시기 바랍니다.

버섯 용어

- **가로 맥** 긴 세로 맥 사이에 있는 짧고 가는 맥.
- **각피** 갓 겉에 덮인 단단한 껍질켜.
- **갓** 자실체 윗부분으로 삿갓처럼 생겼다. 이 책에서 갓은 버섯갓을 가리킨다.
- **관공** 자실층이 대롱처럼 구멍으로 된 것.
- **균사** 실처럼 생긴 균류의 영양 생장 기관. 균류의 본체.
- **균사속** 많은 담자균류의 특징적인 뿌리 모양 구조체. '균사 다발'이라고도

한다.

- **균사체** 균사의 무리.
- **균핵** 균사가 엉켜 붙은 조직.
- **균환** 둥글게 줄지어 바퀴 모양으로 돋아나는 현상.
- **그물 무늬** 여러 줄이 그물처럼 가로 세로로 얽힌 모양.
- **기주** 버섯이 발생하기 위해 영양을 얻는 기초 물질.
- **내피막** 외피막 안쪽에 있는 얇은 막.
- **담자균** 고등 균류 중에서 담자기에 담자포자를 형성하는 균.
- **대주머니** 자루 맨 아랫부분에 주머니 모양으로 남은 외피막.
- **동충하초** '겨울에 곤충이던 것이 여름에는 풀로 변한다'라는 뜻. 흙 속에 있는 곤충에 기생해 자실체를 낸, 자낭균류에 속하는 버섯 무리.
- **막질** 얇고 부드러우며, 반투명한 막과 같은 성질이나 재질.
- **반배착생** 자실체 전체가 기주에 붙지 않고 끝부분이 부풀어 선반 모양으로 나는 것.
- **방추형** 무처럼 가운데가 굵고 양 끝으로 가면서 가늘어지는 모양.
- **배착생** 자루가 없이 자실체 전체가 기주에 붙은 것.
- **부엽토** 풀이나 나뭇잎 따위가 썩어서 된 흙.
- **분생포자** 균류 포자 내부의 세포질이 분열해 생기는 무성 포자 가운데 하나. 새로운 균사로 자라며 가지가 갈라진다. '분생자'라고도 한다.
- **섬유 모양** 섬유처럼 가늘고 긴 모양.
- **섬유 무늬** 섬유처럼 가는 무늬가 얽힌 모양.
- **소피자** 찻잔버섯류 자실체 속에 생기는 바둑돌 혹은 종자 모양 기관. 포자를 품고 있다.
- **아교질** 아교처럼 끈적끈적한 성질.
- **연골질** 단단하지만 유연성이 있는 성질.
- **외피막** 버섯이 자라면서 찢어져 갓이나 자루에 조각이나 테 혹은 주머니 모양으로 남은 것. 특히 자루 맨 아랫부분에 주머니 모양으로 남은 것은 '대주머니'라고도 한다.

- **요철** 오목함과 볼록함.
- **유액** 희거나 누런 액체(젖).
- **인편** 생물체의 겉면을 덮은 비늘 모양 조각.
- **자낭** 자낭균류의 유성 생식 기관으로 자낭포자를 만든다.
- **자낭각** 안에 자낭이 있는 기관으로, 호리병처럼 생겼다.
- **자루** 갓을 받치는 기둥. '대'라고도 한다.
- **자실체** 버섯 전체를 일컫는 말.
- **자실층** 포자를 형성하는 담자기나 자낭이 있는 부위. 주름살, 관공, 침상돌기 등의 형태다.
- **자좌** 자낭각이 배열된 기관으로 자낭균류 영양 세포의 모체. 그 속에 자낭각이 많다.
- **점액질** 차지고 끈적끈적한 성질.
- **정공** 말불버섯류의 윗부분에 있는 구멍으로, 포자를 분출하는 부분이다.
- **주름살** 주름버섯류에서 갓 아랫면에 부채주름 모양으로 구성된 포자를 형성하는 기관.
- **턱받이** 갓과 자루가 자라면서 내피막이 일부 남아 반지나 치마 모양을 이룬 것.
- **포자** 무성 생식을 하는 식물이나 조균류의 생식 세포.
- **표피** 고등 식물체의 표면을 덮는 조직. 동물이나 식물체 각 부분의 표면을 덮은 세포층으로, 겉껍질을 말한다.

담자균문

고동색우산버섯(고동색광대버섯) *Amanita fulva*

숲 속 땅 위에 홀로 나거나 흩어져 난다. 갓은 연갈색이고, 가장자리에 우산살 모양으로 홈이 있다. 주름살은 촘촘하고 흰색이며 떨어져 붙었다. 자루에 섬유질 비늘 모양 조각이 덮여 있고, 맨 아랫부분에 외피막(대주머니)이 붙어 있다.

광대버섯과

나는 때
여름~가을

크기
갓 지름 4~10cm
자루 길이 7~15cm

식독 여부
식용 버섯, 독버섯

구형광대버섯아재비 *Amanita subglobosa*

활엽수림 땅 위에 홀로 나거나 무리지어 난다. 갓은 갈색에서 누런빛을 띤 갈색으로 변하고, 뾰족하거나 사마귀처럼 생긴 조각이 붙어 있다. 주름살은 촘촘하고 흰색에서 크림색으로 변한다. 턱받이는 치마 모양이다. 자루 맨 아랫부분에 테가 3~5개 있다.

광대버섯과

나는 때
여름~가을

크기
갓 지름 6~11cm
자루 길이 6~15cm

식독 여부
독버섯

노란달걀버섯 *Amanita javanica*

숲 속 땅 위에 홀로 나거나 흩어져 난다. 갓은 오렌지빛이 나는 노란색에서 노란색으로 변하고, 가장자리에 우산살 모양으로 홈이 있다. 주름살은 노란색이다. 자루에 노란색 비늘 조각이 덮여 있고, 맨 아랫부분에 희고 긴 외피막이 붙어 있다.

광대버섯과

나는 때
여름~가을

크기
갓 지름 6~15cm
자루 길이 10~20cm

식독 여부
식용 버섯

마귀광대버섯 *Amanita pantherina*

숲 속 땅 위에 홀로 나거나 무리지어 난다. 갓은 짙은 갈색에서 갈색으로 변하고, 더 오래 지나면 잿빛을 띤 갈색이나 누런빛을 띤 갈색이 되고, 갈색 바탕에 흰색 외피막 조각이 붙어 있다. 자루 맨 아랫부분은 짧은 방추형이고, 테 모양 외피막 조각이 3~5개 있다.

광대버섯과

나는 때
여름~가을

크기
갓 지름 5~10cm
자루 길이 6~15cm

식독 여부
독버섯

뱀껍질광대버섯*Amanita spissacea*

광대버섯과

숲 속 땅 위에 홀로 나거나 무리지어 난다. 갓은 잿빛을 띤 갈색 바탕에 검은빛을 띤 갈색 비늘 모양 조각이 덮여 있다. 주름살은 흰색으로 촘촘하고, 자루에 막질 턱받이가 있다. 자루 맨 아랫부분은 양파처럼 부풀고, 검은빛을 띤 갈색 테 모양 외피막 조각이 2~5줄 붙어 있다.

나는 때
여름~가을

크기
갓 지름 4~12cm
자루 길이 5~15cm

식독 여부
독버섯

붉은점박이광대버섯 *Amanita rubescens*

숲 속 땅 위에 홀로 나거나 무리지어 난다. 갓은 붉은빛을 띤 갈색~연갈색이고, 흰색~잿빛을 띤 흰색 가루 모양 외피막 조각이 붙어 있다. 주름살은 흰색으로 촘촘하고, 상처가 나면 붉은빛을 띤 갈색이 된다. 자루 맨 아랫부분은 양파처럼 부풀었다.

광대버섯과

나는 때
여름~가을

크기
갓 지름 6~15cm
자루 길이 8~20cm

식독 여부
식용 버섯, 독버섯

붉은주머니광대버섯 *Amanita rubrovolvata*

숲 속 땅 위에 홀로 나거나 몇 개씩 난다. 갓은 선명한 붉은색~붉은빛을 띤 주황색으로, 같은 색 사마귀처럼 생긴 돌기가 가루처럼 덮여 있고, 가장자리에 우산살 모양으로 홈이 있다. 주름살은 흰색에서 연한 누런색으로 변한다. 자루 맨 아랫부분은 양파처럼 부풀었다.

광대버섯과

나는 때
여름~가을

크기
갓 지름 2.5~3.5cm
자루 길이 4.5~11cm

식독 여부
독버섯

애우산광대버섯 *Amanita farinosa*

숲 속 땅 위에 홀로 나거나 몇 개씩 무리지어 난다. 갓은 잿빛을 띤 갈색이고 재색 가루로 덮여 있으며, 가장자리에 우산살 모양 줄무늬가 있다. 주름살은 흰색으로 떨어져 붙었다. 자루는 흰색이고 원기둥 모양이며, 맨 아랫부분은 짧은 방추형이다.

광대버섯과

나는 때
여름~가을

크기
갓 지름 3~3.5cm
자루 길이 4~7cm

식독 여부
독버섯

큰주머니광대버섯 *Amanita volvata*

숲 속 땅 위에 홀로 나거나 흩어져 난다. 갓은 흰색에서 연갈색이 섞인 흰색으로 변하며, 붉은빛을 띤 갈색 가루나 솜털처럼 생긴 비늘 모양 조각으로 덮여 있다. 주름살은 흰색에서 붉은빛을 띤 갈색이 된다. 자루 맨 아랫부분은 부풀었고, 외피막으로 싸여 있다.

광대버섯과

나는 때
여름~가을

크기
갓 지름 5~8cm
자루 길이 6~14cm

식독 여부
독버섯

회색귀신광대버섯 *Amanita onusta*

숲 속 땅 위에 홀로 나거나 흩어져 난다. 갓은 재색 솜털 모양 물질과 잿빛을 띤 흰색 비늘 모양 조각이 덮여 있고, 가장자리에 외피막 조각이 붙어 있다. 주름살은 흰색에서 크림색으로 변한다. 자루 맨 아랫부분은 굵고 긴 뿌리 모양이다.

광대버섯과

나는 때
여름~가을

크기
갓 지름 4~7cm
자루 길이 3.5~10cm

식독 여부
밝혀지지 않음

흰가시광대버섯 *Amanita virgineoides*

숲 속 땅 위에 홀로 나거나 흩어져 난다. 갓은 흰색이고 가는 가루로 덮여 있으며, 가시처럼 생긴 비늘 모양 조각이 붙어 있다. 주름살은 흰색에서 크림색으로 변한다. 자루는 솜털처럼 생긴 비늘 모양 조각으로 덮여 있고, 맨 아랫부분에 사마귀처럼 생긴 외피막 조각이 테 모양으로 붙어 있다.

광대버섯과

나는 때
여름~가을

크기
갓 지름 9~20cm
자루 길이 12~22cm

식독 여부
독버섯

국수버섯 *Clavaria fragilis*

활엽수림 땅 위, 풀밭, 잔디밭에 홀로 나거나 다발 혹은 무리지어 난다. 자실체는 조금 구부러진 막대 모양으로 둥근 끝이 가늘거나 뭉툭하다. 자실체가 흰색이고 오래 지나면 바랜 누런색이 되며, 겉은 매끈하다. 살은 흰색으로 연해서 부러지기 쉽다.

국수버섯과

나는 때
늦여름~가을

크기
높이 3~12cm

식독 여부
식용 버섯

자주국수버섯 *Clavaria purpurea*

국수버섯과

숲 속 땅 위에 무리지어 나거나 다발로 난다. 자실체는 위아래로 가는 막대 모양인데, 가끔 세로로 얕은 골이 생긴다. 자실체가 연한 재색을 띤 자주색이고, 오래 지나면 옅은 갈색을 띤 자주색에서 자주색을 띤 누런색으로 변한다. 살은 연해서 부러지기 쉽다.

나는 때
여름~가을

크기
높이 3~13cm

식독 여부
식용 버섯

자주싸리국수버섯 *Clavaria zollingeri*

숲 속 땅 위, 풀밭의 이끼 사이에 무리지어 나거나 다발로 난다. 자실체는 자루 맨 아랫부분에 다발로 나서 나뭇가지나 산호 모양을 이룬다. 가지가 여러 개로 갈라지고 끝은 둔하거나 뾰족하며, 가지를 치지 않는 것도 있다. 자실체가 보라색, 자줏빛을 띤 갈색, 포도주색이다.

국수버섯과

나는 때
여름~가을

크기
높이 2~7.5cm

식독 여부
식용 버섯, 약용 버섯

붉은창싸리버섯 *Clavulinopsis miyabeana*

숲 속 땅 위에 다발로 난다. 자실체는 가는 원통형이며 끝으로 갈수록 가늘어지고, 짙은 붉은색이나 오렌지색으로 변화가 크며, 보통 굽어 있거나 뒤틀려 있다. 세로로 줄무늬처럼 얕은 홈이 있는 것이 많다. 살은 표면과 같은 색이다.

국수버섯과

나는 때
여름~가을

크기
높이 3~12cm

식독 여부
밝혀지지 않음

좀노란창싸리버섯 *Clavulinopsis helvola*

국수버섯과

숲 속 땅 위, 낙엽이나 이끼 사이에 홀로 나거나 무리 지어 난다. 자실체는 굽어 있거나 뒤틀린 납작한 막대 모양, 가는 곤봉 모양이다. 자실체가 노란색에서 붉은빛을 띤 누런색으로 변하고, 오래 지나면 끝이 말라붙어 탁한 갈색이 된다. 끝이 뭉툭하다.

나는 때
여름~가을

크기
높이 2~7cm

식독 여부
식용 버섯

붓버섯(흰붓버섯) *Deflexula fascicularis*

활엽수 죽은 줄기 위에 무리지어 난다. 자실체는 어릴 때 부드러운 바늘 모양이다가 점차 끝부분이 갈라진 붓 모양이 된다. 바늘 모양 가지는 보통 굽어 있지만, 곧게 자라기도 한다. 자실체가 흰색에서 연한 누런빛을 띤 갈색으로 변하고, 더 오래 지나면 황토색을 띤 갈색이 된다.

깃싸리버섯과

나는 때
여름~가을

크기
길이 1~2cm

식독 여부
밝혀지지 않음

푸른끈적버섯 *Cortinarius salor*

숲 속 땅 위에 홀로 나거나 무리지어 난다. 갓은 푸른 색과 보라색이 섞인 자주색이며, 습할 때는 끈적거린다. 주름살은 연보라색에서 갈색으로 변한다. 자루는 연자주색으로 습할 때는 끈적거리고, 위쪽에 테 모양 턱받이가 있다. 자루 맨 아랫부분은 곤봉 모양이다.

끈적버섯과

나는 때
여름~가을

크기
갓 지름 2.5~5cm
자루 길이 4~7cm

식독 여부
식용 버섯

풍선끈적버섯 *Cortinarius purpurascens*

숲 속 땅 위에 흩어져 나거나 무리지어 난다. 갓은 연자주색이 섞인 연갈색에서 갈색으로 변하고, 미세하게 가장자리 방향으로 섬유 모양이다. 습할 때는 끈적거린다. 주름살은 자주색에서 갈색으로 변한다. 자루 맨 아랫부분은 양파처럼 크게 부풀었다.

끈적버섯과

나는 때
여름~가을

크기
갓 지름 3~10cm
자루 길이 3~10cm

식독 여부
식용 버섯

솔방울버섯 *Baeospora myosura*

침엽수림 솔방울 위에 홀로 나거나 무리지어 난다. 갓은 붉은빛을 띤 갈색에서 연갈색~누런빛을 띤 갈색으로 변한다. 주름살은 촘촘하고 흰색으로, 올려 붙은 모양이다. 자루는 막대 모양이고 흰색 가루로 덮여 있으며, 맨 아랫부분에 길고 흰 균사가 붙어 있다.

낙엽버섯과

나는 때
가을~겨울

크기
갓 지름 0.8~2.5cm
자루 길이 2.5~5cm

식독 여부
식용 버섯

오목패랭이버섯 *Gerronema nemorale*

활엽수 죽은 줄기나 가지 위에 홀로 나거나 무리지어 난다. 갓은 누런빛을 띤 갈색에서 잿빛을 띤 녹색~잿빛을 띤 누런색으로 변하고, 우산살 모양 홈이 있다. 주름살은 연한 누런색으로 내려 붙은 모양이고, 간격이 성기다. 자루는 연한 누런색이고 가루로 덮여 있으며, 맨 아랫부분이 흰색 균사로 덮여 있다.

낙엽버섯과

나는 때
여름~가을

크기
갓 지름 1~1.5cm
자루 길이 2~4cm

식독 여부
밝혀지지 않음

큰낭상체버섯(낭상체버섯) *Macrocystidia cucumis*

숲 속 땅 위, 길가, 풀밭에 홀로 나거나 무리지어 난다. 갓은 붉은빛을 띤 갈색, 어두운 갈색에서 마르면 황토색이 되고, 습할 때 우산살 모양 선이 희미하게 나타난다. 주름살은 촘촘하고 흰색에서 황토색으로 변한다. 자루는 어두운 갈색에 벨벳 같은 질감이다.

낙엽버섯과

나는 때
봄~가을

크기
갓 지름 1~4cm
자루 길이 3~6cm

식독 여부
밝혀지지 않음

자주색줄낙엽버섯 *Marasmius purpureostriatus*

활엽수림 낙엽이나 바닥에 떨어진 나뭇가지 위에 홀로 나거나 무리지어 난다. 갓은 분홍색, 자줏빛을 띤 붉은색으로 주름이 잡혔고, 우산살 모양으로 홈이 있다. 주름살은 흰색으로 바르게 붙은 모양이고, 간격이 성기다. 자루는 철사 모양으로 매끄럽고 검은빛을 띤 갈색이며, 위쪽은 흰색이다.

낙엽버섯과

나는 때
여름~가을

크기
갓 지름 1~2.5cm
자루 길이 3.5~11cm

식독 여부
밝혀지지 않음

큰낙엽버섯 *Marasmius maximus*

숲 속 낙엽 위, 대숲에 무리지어 난다. 갓은 연한 누런빛을 띤 갈색으로 마르면 허연색이 되고, 우산살 모양 홈이 있다. 주름살은 갓보다 연한 색으로 자루에 떨어져 붙은 모양이며, 간격이 성기다. 자루는 연한 누런빛을 띤 갈색으로 막대 모양이며, 거친 섬유 모양으로 변한다.

낙엽버섯과

나는 때
봄~가을

크기
갓 지름 3~8cm
자루 길이 5~9cm

식독 여부
식용 버섯, 약용 버섯

깔때기큰솔버섯 *Megacollybia clitocyboidea*

숲 속 죽은 나무 위나 주변에 홀로 나거나 무리지어 난다. 갓은 잿빛을 띤 검은색에서 재색, 잿빛을 띤 갈색, 검은빛을 띤 갈색으로 변하며 매끈하고 광택이 있다. 주름살은 흰색에서 크림색이 되고, 날 끝이 매끄럽고 검은빛을 띤 갈색이며, 간격이 성기다.

낙엽버섯과

나는 때
여름~가을

크기
갓 지름 5~12cm
자루 길이 7~12cm

식독 여부
독버섯

넓은옆버섯(잎사귀버섯) *Pleurocybella porrigens*

낙엽버섯과

침엽수(삼나무, 전나무, 가문비나무) 그루터기나 죽은 줄기 위에 겹쳐서 난다. 갓은 흰색으로 매끄럽고 귀나 부채, 주걱 모양으로 변하며, 가장자리가 안쪽으로 말려 있다. 주름살은 촘촘하고 흰색에서 흰빛을 띤 누런색이 된다.

나는 때
가을

크기
갓 지름 2~6cm

식독 여부
식용 버섯, 독버섯

난버섯 *Pluteus cervinus*

활엽수 고목이나 그루터기, 죽은 줄기 위에 홀로 난다. 갓은 어두운 갈색~잿빛을 띤 갈색, 재색이며, 우산살 모양으로 섬유 무늬가 있고, 비늘 조각으로 덮여 있다. 주름살은 촘촘하고 흰색에서 연붉은색이 된다. 자루는 흰색 바탕에 섬유 무늬가 있다.

난버섯과

나는 때
봄~가을

크기
갓 지름 4~9cm
자루 길이 6~12cm

식독 여부
식용 버섯, 약용 버섯

난버섯아재비 *Russula fragilis*

침엽수 죽은 줄기나 톱밥 더미 위에 홀로 나거나 무리 지어 난다. 갓은 검은빛을 띤 갈색에서 잿빛을 띤 갈색으로 변하며, 가운데가 진하다. 주름살은 흰색에서 분홍색이 된다. 자루는 검은빛을 띤 갈색 세로로 된 섬유 무늬가 아래쪽으로 진해지고, 아랫부분으로 갈수록 굵어진다.

난버섯과

나는 때
봄~가을

크기
갓 지름 4~11cm
자루 길이 5~11cm

식독 여부
밝혀지지 않음

진황색난버섯 *Pluteus variabilicolor*

활엽수 죽은 줄기나 톱밥 더미 위에 홀로 나거나 무리지어 난다. 갓은 노란색으로 매끄럽고, 습할 때 가장자리에 짧은 우산살 모양 선이 나타난다. 주름살은 촘촘하고 흰색에서 연붉은색으로 변한다. 자루는 세로로 섬유 무늬가 있다.

난버섯과

나는 때
봄~가을

크기
갓 지름 2~6cm
자루 길이 3~7cm

식독 여부
식용 버섯

벌집난버섯 *Pluteus thomsonii*

난버섯과

활엽수 썩은 그루터기, 죽은 줄기 위에 홀로 나거나 무리지어 난다. 갓은 갈색에서 검은빛을 띤 갈색으로 변하며, 볼록한 그물 무늬가 가운데부터 가장자리를 향해 뻗어 있다. 주름살은 촘촘하고 흰색에서 연붉은빛을 띤 갈색이 된다. 자루는 세로로 섬유 무늬가 있다.

나는 때
가을

크기
갓 지름 2~4cm
자루 길이 2~4.5cm

식독 여부
밝혀지지 않음

호피난버섯 *Pluteus pantherinus*

활엽수 죽은 줄기 위에 홀로 나거나 몇 개씩 난다. 갓은 갈색 바탕에 흰빛을 띤 누런색 크고 작은 반점이 있고, 벨벳 같은 질감이다. 주름살은 촘촘하고 흰색에서 연붉은색으로 변한다. 자루는 흰빛을 띤 누런색이고, 세로로 미세한 섬유 모양이다.

난버섯과

나는 때
여름~가을

크기
갓 지름 4~7.5cm
자루 길이 5~7cm

식독 여부
밝혀지지 않음

갈색먹물버섯(갈색쥐눈물버섯) *Coprinellus micaceus*

활엽수 그루터기나 죽은 줄기, 땅에 묻힌 나무 위에 무리지어 나거나 다발로 난다. 갓은 연한 누런빛을 띤 갈색이고 흰 비늘 모양 조각으로 덮여 있으며, 긴 우산살 모양 홈이 있다. 주름살은 촘촘하고 흰색에서 자줏빛을 띤 갈색을 거쳐 검은색으로 변한다. 자루는 흰색이고 고운 가루로 덮여 있다.

눈물버섯과

나는 때
봄~가을

크기
갓 지름 1~4cm
자루 길이 3~8cm

식독 여부
식용 버섯, 독버섯

고깔갈색먹물버섯(고깔쥐눈물버섯) *Coprinellus disseminatus*

활엽수 썩은 그루터기나 죽은 줄기 위에 무리지어 나거나 다발로 난다. 갓은 흰빛을 띤 누런색에서 재색으로 변하고, 우산살 모양 홈이 있다. 어릴 때는 흰 솜털이 덮여 있다가 떨어진다. 주름살은 흰색에서 재색~검은빛을 띤 갈색이 되며, 간격이 성기다. 자루는 흰색 섬유 무늬가 있다.

눈물버섯과

나는 때
봄~가을

크기
갓 지름 1.5~2.5cm
자루 길이 2~5cm

식독 여부
밝혀지지 않음

받침대갈색먹물버섯(받침대쥐눈물버섯) *Coprinellus domesticus*

눈물버섯과

활엽수 썩은 그루터기나 죽은 줄기 위에 무리지어 나거나 다발로 난다. 갓은 누런빛을 띤 갈색이고 비늘 모양 조각이 덮여 있으며, 우산살 모양 홈이 있다. 주름살은 촘촘하고 흰색에서 검은빛을 띤 자주색으로 변한다. 기주인 썩은 나무 위에 오렌지색~누런빛을 띤 갈색 균사층이 나타난다.

나는 때
봄~여름

크기
갓 지름 2~3cm
자루 길이 4~15cm

식독 여부
식용 버섯

큰눈물버섯 *Lacrymaria lacrymabunda*

숲 속 땅 위, 길가, 공원, 풀밭에 무리지어 난다. 갓은 붉은빛을 띤 갈색에서 갈색, 누런빛을 띤 갈색으로 변하고 섬유 모양 비늘 조각으로 덮여 있으며, 가장자리에 내피막 조각이 붙어 있다. 주름살은 촘촘하고 연한 누런색에서 붉은빛을 띤 갈색이 된다. 자루 맨 아랫부분이 약간 부풀었다.

눈물버섯과

나는 때
여름~가을

크기
갓 지름 3~7cm
자루 길이 3~10cm

식독 여부
식용 버섯, 독버섯

눈물버섯 *Psathyrella corrugis*

낙엽 사이, 풀밭, 땅에 떨어진 나뭇가지 위에 홀로 나거나 무리지어 난다. 갓은 잿빛을 띤 갈색에서 크림색으로 변하고, 줄무늬가 거의 가운데까지 있다. 주름살은 연한 재색에서 검은빛을 띤 갈색이 되며, 간격이 성기다. 자루는 흰색으로 가늘고 길며, 맨 아랫부분에 흰 털이 있다.

눈물버섯과

나는 때
여름~가을

크기
갓 지름 1.5~3cm
자루 길이 5~10cm

식독 여부
식용 버섯

족제비눈물버섯 *Psathyrella candolleana*

활엽수 그루터기나 죽은 줄기 위, 부근 땅 위에 무리 지어 난다. 갓은 연한 누런색, 누런빛을 띤 갈색에서 흰빛을 띤 누런색으로 변하고, 가장자리에 외피막 조각이 붙어 있다. 주름살은 촘촘하고 흰색에서 자줏빛을 띤 갈색이 된다. 자루는 흰색이고 속이 비었다.

눈물버섯과

나는 때
여름~가을

크기
갓 지름 3~7cm
자루 길이 4~8cm

식독 여부
식용 버섯, 독버섯

느타리 *Pleurotus ostreatus*

느타리과

활엽수(버드나무, 가죽나무, 미루나무) 그루터기나 죽은 줄기 위에 겹쳐서 난다. 갓은 푸른빛을 띤 검은색에서 재색, 흰색으로 변하고, 반원이나 부채 모양이다. 주름살은 흰색에서 연한 재색이 되며, 내려 붙은 모양이다. 자루 맨 아랫부분에 흰 털이 있다.

나는 때
늦가을~이듬해 봄

크기
갓 지름 5~15cm
자루 길이 1~3cm

식독 여부
식용 버섯, 약용 버섯

산느타리 *Pleurotus pulmonarius*

느타리과

활엽수 죽은 줄기나 가지 위에 무리지어 겹쳐서 난다. 갓은 잿빛을 띤 흰색, 연한 재색, 흰색, 누런색이고 부채 모양으로 펴진다. 주름살은 촘촘하고 흰색에서 연한 누런색이 되며, 내려 붙은 모양이다. 자루는 흰색이고, 맨 아랫부분에 희고 미세한 털이 있다.

나는 때
봄~가을

크기
갓 지름 2~8cm
자루 길이 0.5~3cm

식독 여부
식용 버섯, 약용 버섯

귀버섯 *Crepidotus mollis*

땀버섯과

나무 그루터기나 죽은 줄기 위에 겹쳐서 난다. 갓은 크림색, 흰색, 잿빛을 띤 갈색이고 매끄럽거나 연갈색 미세한 털로 덮여 있다. 주름살은 흰빛을 띤 누런색에서 연한 잿빛을 띤 갈색, 연붉은빛을 띤 갈색이 된다. 자루가 거의 없고, 갓과 기주가 만나는 부분은 부드러운 털로 덮여 있다.

나는 때
여름~가을

크기
갓 지름 1~5cm

식독 여부
밝혀지지 않음

평평귀버섯 *Crepidotus applanatus*

땀버섯과

활엽수 죽은 줄기 위에 홀로 나거나 겹쳐서 난다. 갓은 흰색, 연한 누런색, 누런빛을 띤 갈색으로 부채나 반원, 콩팥 모양이다. 주름살은 촘촘하고 흰색에서 녹슨 갈색이 된다. 자루가 매우 짧다. 기주와 만나는 부분은 희고 부드러운 털로 덮여 있다.

나는 때
여름~가을

크기
갓 지름 1~5cm

식독 여부
밝혀지지 않음

삿갓땀버섯 *Inocybe asterospora*

숲 속 땅 위에 홀로 나거나 무리지어 난다. 갓은 붉은빛을 띤 갈색에서 잿빛을 띤 갈색으로 변하고, 우산살 모양으로 갈라져 섬유 모양이 된다. 주름살은 흰색에서 붉은빛을 띤 갈색으로 변하며, 간격이 약간 성기다. 자루 위쪽에 흰 가루가 붙어 있고, 맨 아랫부분은 공 모양이다.

땀버섯과

나는 때
여름~가을

크기
갓 지름 2~4cm
자루 길이 2~4cm

식독 여부
독버섯

애기흰땀버섯 *Inocybe geophylla*

숲 속 땅 위에 몇 개씩 흩어져 나거나 무리지어 난다. 갓은 흰색이지만 때로 자주색을 띠고 비단처럼 광택이 나며, 우산살처럼 가늘게 갈라진 섬유 모양이다. 주름살은 흰색에서 잿빛을 띤 흰색이 된다. 자루 위쪽에 미세한 가루가 있고, 맨 아랫부분은 조금 부푼다.

땀버섯과

나는 때
여름~가을

크기
갓 지름 1~3cm
자루 길이 2.5~5cm

식독 여부
독버섯

큰비늘땀버섯 *Inocybe calamistrata*

침엽수림 땅 위에 홀로 나거나 다발 혹은 무리지어 난다. 갓은 잿빛을 띤 갈색에서 어두운 갈색으로 변하며, 곱슬머리같이 갈라진 비늘 모양 조각이 덮여 있다. 주름살은 연갈색에서 녹슨 갈색이 된다. 자루는 섬유 모양 비늘로 덮여 있고, 아래쪽은 푸른빛을 띤 초록색이다.

땀버섯과

나는 때
여름~가을

크기
갓 지름 1~5cm
자루 길이 3~7cm

식독 여부
밝혀지지 않음

요정버섯 *Simocybe centunculus*

땀버섯과

활엽수 그루터기나 죽은 줄기 위에 홀로 나거나 다발 혹은 무리지어 난다. 갓은 진한 초록빛을 띤 갈색, 어두운 초록빛을 띤 갈색, 어두운 누런빛을 띤 갈색에서 자라면 연한 색으로 변하고, 벨벳 같은 솜털이 덮여 있다. 주름살은 초록빛을 띤 갈색 기가 도는 누런색이다. 자루 맨 아랫부분에 흰 털이 있다.

나는 때
봄~가을

크기
갓 지름 1~2.5cm
자루 길이 1.5~3cm

식독 여부
밝혀지지 않음

겨나팔버섯 *Tubaria furfuracea*

땅에 묻힌 나무나 떨어진 나뭇가지 위에 적은 수로 무리지어 난다. 갓은 연갈색에서 밝은 색이 되고, 습할 때는 우산살 모양으로 선이 나타난다. 주름살은 연주황색에서 탁한 오렌지빛을 띤 갈색으로 변하며, 간격이 성기다. 자루는 매끄럽고, 맨 아랫부분에 솜털 모양 흰색 균사체가 있다.

땀버섯과

나는 때
초봄~초겨울

크기
갓 지름 1~4cm
자루 길이 2~5cm

식독 여부
밝혀지지 않음

갈잎에밀종버섯(황갈색황토버섯) *Galerina helvoliceps*

나무 그루터기나 죽은 줄기, 가지에 홀로 나거나 무리지어 난다. 갓은 갈색이나 누런빛을 띤 갈색이고, 습할 때는 가장자리에 우산살 같은 줄무늬가 나타난다. 주름살은 흰빛을 띤 누런색에서 붉은빛을 띤 갈색으로 변한다. 자루는 턱받이 위쪽이 탁한 누런색이고, 아래쪽은 어두운 갈색이다.

막질버섯과(가칭)

나는 때
봄~가을

크기
갓 지름 1.5~4cm
자루 길이 2~5cm

식독 여부
독버섯

갈황색미치광이버섯 *Gymnopilus junonius*

막질버섯과(가칭)

활엽수(드물게 침엽수) 썩은 부분이나 죽은 나무에 다발로 난다. 갓은 오렌지빛을 띤 누런색에서 어두운 누런빛을 띤 갈색으로 변한다. 주름살은 촘촘하고 누런색에서 밝은 녹슨 갈색이 된다. 턱받이는 포자가 내려앉아 녹슨 색이다. 자루는 아래쪽으로 약간 방추형이다.

나는 때
여름~가을

크기
갓 지름 5~15cm
자루 길이 5~15cm

식독 여부
독버섯

미치광이버섯(솔미치광이버섯) *Gymnopilus liquiritiae*

침엽수 썩은 줄기 위에 홀로 나거나 무리지어 난다. 갓은 붉은빛을 띤 갈색에서 다 자라면 누런빛이 섞인 색으로 변하고, 가장자리에 줄무늬가 약간 있다. 주름살은 촘촘하고 누런색에서 녹슨 갈색이 된다. 자루는 녹슨 갈색이고, 세로로 된 섬유 모양이다.

막질버섯과(가칭)

나는 때
봄, 가을

크기
갓 지름 1.5~4cm
자루 길이 2~5cm

식독 여부
독버섯

덧부치버섯(덧붙이버섯) *Asterophora lycoperdoides*

만가닥버섯과

무당버섯과 늙은 버섯 위에 기생해 무리지어 난다. 갓은 흰색이고, 다 자라면 가운데가 진흙 같은 갈색 가루 덩이로 변한다. 주름살은 흰색으로 바르게 붙은 모양이며, 간격이 성기다. 자루는 어릴 때 흰색에서 점차 갈색 기가 더해지고 섬유 모양이다.

나는 때
여름~가을

크기
갓 지름 0.5~2.2cm
자루 길이 0.5~6cm

식독 여부
밝혀지지 않음

잿빛만가닥버섯 *Lyophyllum decastes*

만가닥버섯과

숲 속 땅 위, 길가, 정원, 풀밭에 무리지어 나거나 다발로 난다. 갓은 진한 초록빛을 띤 갈색에서 잿빛을 띤 갈색으로 변하고, 솜털이나 섬유 모양 비늘 조각이 있다. 주름살은 흰빛을 띤 누런색에서 옅은 누런색이 된다. 흰 균사로 덮인 자루 아래쪽은 부풀었다.

나는 때
봄, 가을

크기
갓 지름 4~9cm
자루 길이 5~8cm

식독 여부
식용 버섯

꽃버섯 *Hygrocybe conica*

숲 속 땅 위, 길가, 풀밭, 대숲에 홀로 나거나 무리지어 난다. 갓은 매끄러우며 붉은색이나 주황색, 누런색이고 만지거나 오래 지나면 검은색이 된다. 주름살은 촘촘하고 연한 누런색이다. 자루는 섬유 모양 세로줄이 있으며, 검은색으로 변한다.

벚꽃버섯과

나는 때
여름~가을

크기
갓 지름 1.5~4cm
자루 길이 4~10cm

식독 여부
밝혀지지 않음

화병꽃버섯 *Hygrocybe cantharellus*

벚꽃버섯과

숲 속 땅 위, 물이끼 사이에 무리지어 난다. 갓은 진한 붉은색에서 오렌지빛을 띤 붉은색, 누런빛을 띤 붉은색~누런색이 되며, 같은 색 비늘로 덮여 있다. 주름살은 흰색에서 크림색~연한 누런색으로 변하고, 간격이 성기다. 자루는 진한 붉은색에서 오렌지빛을 띤 붉은색이 됐다가 옅어진다.

나는 때
여름~가을

크기
갓 지름 1~3.5cm
자루 길이 3~5cm

식독 여부
밝혀지지 않음

뽕나무버섯 *Armillaria mellea*

나무 그루터기나 죽은 줄기 위, 살아 있는 나무 밑에 무리지어 난다. 갓은 연한 누런빛을 띤 갈색이고, 누런색~누런빛을 띤 갈색 털 같은 비늘 모양 조각이 있다. 주름살은 촘촘하고 흰색이다가 연갈색 얼룩이 생긴다. 자루는 턱받이 아래쪽에 흰색~누런색 비늘 모양 조각이 붙어 있다.

뽕나무버섯과

나는 때
가을

크기
갓 지름 4~12cm
자루 길이 4~15cm

식독 여부
식용 버섯, 약용 버섯

뽕나무버섯부치(뽕나무버섯붙이) *Armillaria tabescens*

활엽수 그루터기나 죽은 줄기, 살아 있는 나무 뿌리 위에 다발로 난다. 갓은 누런색에서 연한 누런빛을 띤 갈색으로 변하고, 가운데 갈색 비늘 조각이 빽빽하다. 주름살은 촘촘하고 흰색이다가 갈색 얼룩이 생긴다. 자루는 세로로 된 섬유 모양이고, 맨 아랫부분이 어두운 갈색이다.

뽕나무버섯과

나는 때
여름~가을

크기
갓 지름 4~6cm
자루 길이 5~8cm

식독 여부
식용 버섯, 약용 버섯

등색가시비녀버섯 *Cyptotrama asprata*

뽕나무버섯과

활엽수 죽은 줄기나 떨어진 나뭇가지 위에 몇 개씩 난다. 갓은 붉은빛을 띤 누런색 바탕에 가시 모양 오렌지색 비늘 조각이 덮여 있다. 주름살은 흰색이며 간격이 성기다. 자루는 보통 굽어 있고, 누런색이나 오렌지빛을 띤 누런색 솜털 모양 비늘 조각이 덮여 있으며, 맨 아랫부분이 부풀었다.

나는 때
여름

크기
갓 지름 1~3cm
자루 길이 1.5~5cm

식독 여부
밝혀지지 않음

팽나무버섯(팽이버섯) *Flammulina velutipes*

뽕나무버섯과

활엽수 그루터기나 죽은 줄기 위에 무리지어 나거나 다발로 난다. 갓은 끈적거리고 누런색에서 누런빛을 띤 갈색으로 변하며, 가장자리는 옅은 색이다. 주름살은 흰색에서 연한 누런색이 되고 올려 붙은 모양이며, 간격이 약간 성기다. 자루에 벨벳 같은 털이 덮여 있다.

나는 때
늦가을~이듬해 봄

크기
갓 지름 2~6cm
자루 길이 2~7cm

식독 여부
식용 버섯

작은맛솔방울버섯(맛솔방울버섯) *Strobilurus stephanocystis*

침엽수림 땅에 묻힌 솔방울 위에 무리지어 난다. 갓은 검은빛을 띤 갈색, 잿빛을 띤 갈색이나 황토색이고, 때로는 잿빛을 띤 흰색이다. 주름살은 흰색으로 올려 붙은 모양이다. 자루는 가는 털로 덮여 있고, 위쪽은 흰색이고 아래쪽은 밝은 누런빛을 띤 갈색이다. 자루 맨 아랫부분에 솔방울이 붙어 있다.

뽕나무버섯과

나는 때
늦가을~이듬해 봄

크기
갓 지름 1.5~3cm
자루 길이 4~6cm

식독 여부
식용 버섯

노란턱돌버섯 *Descolea flavoannulata*

숲 속 땅 위에 홀로 나거나 흩어져 난다. 갓은 황토색에서 어두운 누런빛을 띤 갈색으로 변하고, 우산살 모양으로 주름이 있다. 주름살은 누런빛을 띤 갈색에서 붉은빛을 띤 갈색이 되며, 간격이 약간 성기다. 자루는 황토색이고, 턱받이는 누런색 막질로 윗면에 뚜렷한 선이 있다.

소똥버섯과

나는 때
여름~가을

크기
갓 지름 5~8cm
자루 길이 6~10cm

식독 여부
식용 버섯

굽은꽃애기버섯(오렌지밀버섯) *Gymnopus dryophilus*

숲 속 땅 위, 부엽토, 낙엽에 무리지어 난다. 갓은 오렌지빛을 띤 레몬색에서 밝은 누런색~크림색으로 변한다. 주름살은 촘촘하고 흰색에서 크림색이 된다. 자루는 매끄럽고 투명하며, 아래쪽이 짙은 색이다. 자루 맨 아랫부분은 약간 부풀었다.

솔밭버섯과

나는 때
봄~가을

크기
갓 지름 2~5cm
자루 길이 2.5~7cm

식독 여부
식용 버섯, 약용 버섯

대줄무늬꽃애기버섯 *Gymnopus polygrammus*

활엽수 그루터기, 죽은 줄기나 가지 위에 무리지어 나거나 다발로 난다. 갓은 붉은빛을 띤 갈색에서 누런빛을 띤 갈색으로 변하고, 다 자라면 우산살 모양 요철과 줄무늬가 있다. 주름살은 촘촘하고 흰색에서 연한 황토색이 섞인다. 자루는 누런빛을 띤 흰색으로, 가는 세로줄이 있다.

솔밭버섯과

나는 때
여름

크기
갓 지름 2~5cm
자루 길이 4~9cm

식독 여부
밝혀지지 않음

밀꽃애기버섯(애기밀버섯) *Gymnopus confluens*

숲 속 땅 위나 낙엽에 무리지어 나거나 다발로 난다. 갓은 갈색, 붉은빛을 띤 갈색에서 황토색을 띤 갈색, 밝은 갈색이 되고, 붓으로 그은 듯 섬유 무늬가 있다. 주름살은 촘촘하고 크림색이다. 자루는 연갈색이고, 미세한 털과 세로로 섬유 무늬가 있다.

솔밭버섯과

나는 때
여름~가을

크기
갓 지름 1.5~4cm
자루 길이 4~9cm

식독 여부
식용 버섯, 약용 버섯

표고버섯 *Lentinula edodes*

활엽수 그루터기, 죽은 줄기 위에 홀로 나거나 무리지어 난다. 갓은 연한 검은빛을 띤 갈색에서 검은빛을 띤 갈색으로 변하고, 흰색 비늘 모양 조각이 가는 솜털같이 덮여 있다. 주름살은 촘촘하고 흰색으로, 자루에 오목하고 길게 파인 줄이 붙은 모양이다. 자루에 섬유 모양 비늘 조각이 덮여 있다.

솔밭버섯과

나는 때
봄~가을

크기
갓 지름 6~10cm
자루 길이 3~6cm

식독 여부
식용 버섯, 약용 버섯

고려선녀버섯(갈색선녀버섯) *Marasmiellus koreanus*

활엽수 죽은 줄기나 가지 위에 무리지어 난다. 갓은 잿빛을 띤 갈색에서 살구색으로 변하며, 가운데부터 가장자리까지 우산살 모양 깊은 주름이 있다. 주름살은 흰색~크림색으로 간격이 매우 성기다. 자루는 막대 모양으로 가는 비늘 모양 조각이 붙어 있고, 맨 아랫부분이 부풀었다.

솔밭버섯과

나는 때
여름~가을

크기
갓 지름 1~4cm
자루 길이 2~5cm

식독 여부
밝혀지지 않음

자주방망이버섯아재비 *Lepista sordida*

숲 속 땅 위, 길가, 풀밭, 잔디밭, 대숲에 무리지어 난다. 갓은 물결 모양이고, 연자주색에서 자주색이나 잿빛을 띤 갈색으로 변한다. 주름살은 연자주색이며, 간격이 촘촘하거나 약간 성기다. 자루는 보통 구부러져 있고, 세로로 섬유 무늬가 있다.

송이과

나는 때
여름~가을

크기
갓 지름 4~7cm
자루 길이 3~8cm

식독 여부
식용 버섯, 약용 버섯

귀느타리(노란귀느타리) *Phyllotopsis nidulans*

썩은 나무 그루터기나 줄기 위에 겹쳐서 난다. 갓은 흰빛을 띤 누런색에서 붉은빛을 띤 누런색~누런색으로 짙어지다가 바래며, 긴 털이 덮여 있고 반원이나 부채 모양이다. 주름살은 촘촘하고 누런색으로 내려 붙은 모양이다. 자루 없이 갓 일부가 기주에 붙어 있다.

송이과

나는 때
가을~초겨울

크기
갓 지름 2~7cm

식독 여부
밝혀지지 않음

솔버섯 *Tricholomopsis rutilans*

송이과

침엽수 그루터기나 썩은 줄기 주변 부엽토 위에 홀로 나거나 다발로 난다. 갓은 누런색 바탕에 진한 붉은빛을 띤 갈색에서 진한 붉은색으로 변하는 비늘 모양 조각이 전체에 붙어 있다. 주름살은 촘촘하고 누런색이다. 자루에 갓과 같이 붉은빛을 띤 갈색 가는 비늘 모양 조각이 조금 붙어 있다.

나는 때
여름~가을

크기
갓 지름 4~15cm
자루 길이 4~10cm

식독 여부
식용 버섯, 약용 버섯

악취애주름버섯 *Mycena alcalina*

침엽수 고목 위, 고목 주변 부식된 땅 위에 무리지어 난다. 갓은 잿빛을 띤 흰색이고 가운데가 튀어나왔으며, 우산살 모양으로 선이 있다. 주름살은 흰색이나 연한 재색으로, 바르게 붙은 모양이고 간격이 성기다. 자루는 갓과 같은 색이고, 맨 아랫부분이 흰 털로 덮여 있다.

애주름버섯과

나는 때
봄, 가을

크기
갓 지름 1~3cm
자루 길이 2~6cm

식독 여부
밝혀지지 않음

애주름버섯(콩나물애주름버섯) *Mycena galericulata*

활엽수 그루터기나 썩은 줄기 위에 뭉치거나 무리지어 난다. 갓은 잿빛을 띤 갈색, 누런빛을 띤 갈색에서 갈색에 가까워지고, 습할 때 우산살 모양으로 선이 나타난다. 주름살은 흰색에서 재색이 많아지고, 간격이 약간 성기며, 주름살 사이에 가로 맥이 있다. 자루 맨 아랫부분에 흰 털이 있다.

애주름버섯과

나는 때
봄~가을

크기
갓 지름 2~5cm
자루 길이 3~8cm

식독 여부
식용 버섯

적갈색애주름버섯 *Mycena haematopus*

활엽수 썩은 고목이나 그루터기 위에 무리지어 나거나 다발로 난다. 갓은 붉은빛을 띤 갈색, 연붉은빛을 띤 자주색이고, 우산살 모양으로 줄무늬가 있으며, 가장자리는 톱니 모양이다. 주름살은 흰색에서 연주황색, 연붉은빛을 띤 자주색이 되고, 간격이 성기다. 상처가 나면 진한 핏빛 액체가 나온다.

애주름버섯과

나는 때
여름~가을

크기
갓 지름 1~3.5cm
자루 길이 3~8cm

식독 여부
밝혀지지 않음

부채버섯 *Panellus stipticus*

활엽수 그루터기나 죽은 줄기 위에 겹쳐서 난다. 갓은 연한 누런빛을 띤 갈색, 연한 황토색을 띤 갈색이고 미세한 털이 덮여 있으며, 가장자리에 우산살 모양으로 홈이 있다. 주름살은 연한 누런빛을 띤 갈색으로 촘촘하고, 가로 맥이 있다. 자루는 갓과 거의 같은 색이고, 미세한 털로 덮여 있다.

애주름버섯과

나는 때
여름~초겨울

크기
갓 지름 1~2cm
자루 길이 0.5~2cm

식독 여부
독버섯

참부채버섯 *Panellus serotinus*

애주름버섯과

활엽수 죽은 줄기 위에 겹쳐서 난다. 갓은 누런빛~자줏빛을 띤 갈색, 초록빛을 띤 갈색~누런색이며 반원이나 콩팥 모양이고, 미세한 털로 덮여 있다. 주름살은 촘촘하고 흰빛을 띤 누런색으로, 자루에 바르게 붙은 모양이다. 자루는 짧고 표면이 누런빛을 띤 갈색이며, 미세한 털로 덮여 있다.

나는 때
가을

크기
갓 지름 5~10cm
자루 길이 0.3~0.7cm

식독 여부
식용 버섯

이끼살이버섯 *Xeromphalina campanella*

침엽수 이끼 낀 그루터기나 줄기 위에 크게 무리지어 난다. 갓은 밝은 누런색에서 누런빛을 띤 갈색으로 변하고, 습할 때 우산살 모양 줄무늬가 나타난다. 주름살은 연한 누런색으로 내려 붙은 모양이며, 간격이 성기다. 자루는 아래쪽으로 가늘어지며 굽어 있고, 위쪽은 누런색, 아래쪽은 갈색이다.

애주름버섯과

나는 때
여름~가을

크기
갓 지름 0.8~2.5cm
자루 길이 1~3cm

식독 여부
밝혀지지 않음

그늘버섯 *Clitopilus prunulus*

활엽수림 땅 위에 홀로 나거나 적은 수로 무리지어 난다. 갓은 잿빛을 띤 흰색이고 부드러운 찰흙에 미세한 가루가 뿌려진 느낌이며, 가장자리가 안으로 말려 있다. 주름살은 흰색에서 살구색으로 변하고, 길게 내려 붙은 모양이다. 자루는 아래쪽이 가늘다.

외대버섯과

나는 때
여름~가을

크기
갓 지름 3~9cm
자루 길이 2~5cm

식독 여부
식용 버섯

흰꼭지외대버섯 *Entoloma album*

숲 속 땅 위에 홀로 나거나 무리지어 난다. 갓은 원뿔이나 종 모양이고 가운데 돌기가 있으며, 흰색이나 연한 크림색에서 흰빛을 띤 누런색이 되고, 옅은 섬유무늬가 있다. 주름살은 흰색에서 연붉은색을 거쳐 살구색으로 변하며, 간격이 성기다. 자루에 세로로 섬유무늬가 있다.

외대버섯과

나는 때
여름~가을

크기
갓 지름 1~5cm
자루 길이 4~10cm

식독 여부
독버섯

색시졸각버섯 *Laccaria vinaceoavellanea*

숲 속 땅 위, 공원, 길가, 풀밭에 홀로 나거나 무리지어 난다. 갓은 분홍색, 바랜 살구색에서 연한 누런빛을 띤 갈색으로 변하고, 우산살 모양으로 홈이 있다. 주름살은 갓보다 옅은 색으로 바르게 붙은 모양이며, 간격이 성기다. 자루는 얼룩져 보이고, 세로로 된 섬유 모양이다.

졸각버섯과

나는 때
여름~가을

크기
갓 지름 3~7cm
자루 길이 4~9cm

식독 여부
식용 버섯

자주졸각버섯 *Laccaria amethystina*

졸각버섯과

숲 속 땅 위나 공원, 길가 풀밭에 무리지어 난다. 갓은 자주색으로 매끄럽지만 갈라져서 비늘 모양 조각이 되고, 신선할 때는 아름다운 자주색을 띤다. 주름살은 진한 자주색으로 바르게 붙은 모양이며, 간격이 성기다. 자루는 자주색 바탕에 흰색 섬유 무늬가 있다.

나는 때
여름~가을

크기
갓 지름 1.5~4cm
자루 길이 3~7cm

식독 여부
식용 버섯

졸각버섯 *Laccaria laccata*

숲 속 땅 위, 공원, 길가, 풀밭 이끼 사이에 무리지어 난다. 갓은 연한 오렌지빛을 띤 갈색에서 연한 주홍색을 띤 갈색이 되고, 가장자리에 우산살 모양으로 홈이 있다. 주름살은 연한 주홍색으로 자루에 바르게 붙은 모양이며, 간격이 성기다. 자루는 굽어 있고, 세로로 된 섬유 모양이다.

졸각버섯과

나는 때
여름~가을

크기
갓 지름 1.5~3cm
자루 길이 3~6cm

식독 여부
식용 버섯

큰졸각버섯 *Laccaria proxima*

졸각버섯과

침엽수림 땅 위에 무리지어 난다. 갓은 붉은빛을 띤 갈색에서 주황색을 띤 갈색이 되고, 비늘 모양 조각으로 덮여 있다. 주름살은 분홍빛을 띤 자주색이고 바르게 붙은 모양이며, 간격이 약간 성기다. 자루는 세로로 된 섬유 모양이고, 맨 아랫부분에 솜털 같은 균사가 있다.

나는 때
여름~가을

크기
갓 지름 2~6cm
자루 길이 3~8cm

식독 여부
밝혀지지 않음

좀주름찻잔버섯 *Cyathus stercoreus*

주름버섯과

영양분이 많은 땅, 야자수 매트 위에 무리지어 난다. 자실체는 긴 컵이나 거꾸로 놓은 원뿔 모양이고, 바깥쪽은 누런빛을 띤 갈색에서 갈색이 되는 거친 털이 있다가 벗겨지며, 안쪽은 푸른빛을 띤 재색으로 매끄럽다. 안에 검은빛을 띤 푸른색 바둑돌 모양 소피자가 들어 있다.

나는 때
여름~가을

크기
자실체 지름 0.5cm
높이 1cm 정도

식독 여부
밝혀지지 않음

새둥지버섯 *Nidula niveotomentosa*

주름버섯과

침엽수 썩은 줄기나 죽은 가지 위에 무리지어 난다. 자실체는 위쪽이 뚜껑을 닫은 컵 모양이며, 바깥쪽에 희고 짧은 털이 덮여 있다. 안쪽은 연갈색으로, 매끈하고 광택이 있다. 누런빛을 띤 갈색이나 붉은빛을 띤 갈색 바둑돌 모양 소피자가 들어 있다.

나는 때
여름~가을

크기
자실체 지름 0.5cm
높이 1cm 정도

식독 여부
밝혀지지 않음

주홍여우갓버섯 *Leucoagaricus rubrotinctus*

숲 속 땅 위나 대밭 등의 부엽토 위에 홀로 나거나 무리지어 난다. 갓은 오렌지빛을 띤 갈색에서 분홍색을 띤 갈색이 되고, 가장자리가 아래로 말려 있다. 주름살은 촘촘하고 흰색이다. 턱받이는 흰색 막질로 테 모양이다. 자루 맨 아랫부분이 부풀었다.

주름버섯과

나는 때
여름~가을

크기
갓 지름 3~6cm
자루 길이 5~10cm

식독 여부
독버섯

여우꽃각시버섯 *Leucocoprinus fragilissimus*

숲 속 땅 위, 정원, 온실, 풀밭에 흩어져 난다. 갓은 어릴 때 초록빛을 띤 누런색 가루 같은 비늘 조각으로 덮이고, 자라면서 갈라져 우산살 모양으로 흰색과 노란색이 엇갈리는 홈이 생긴다. 주름살은 흰색이며 간격이 성기다. 자루는 누런색 막대 모양이고, 맨 아랫부분이 부풀었다.

주름버섯과

나는 때
여름~가을

크기
갓 지름 2~4cm
자루 길이 4~8cm

식독 여부
밝혀지지 않음

말불버섯 *Lycoperdon perlatum*

주름버섯과

숲 속 땅 위, 부엽토, 썩은 나무, 풀밭에 무리지어 난다. 자실체는 옅은 잿빛을 띤 흰색에서 잿빛을 띤 갈색~누런빛을 띤 갈색으로 변하며, 전체에 작고 뾰족한 알맹이 같은 돌기가 있다. 자실체 아랫부분은 원기둥이나 원뿔 모양 자루가 되고, 돌기가 조금 있다.

나는 때
여름~가을

크기
자실체 너비 2~6cm
높이 2~5cm

식독 여부
식용 버섯, 약용 버섯

큰갓버섯 *Macrolepiota procera*

숲 속 땅 위, 대밭, 풀밭에 홀로 나거나 몇 개씩 흩어져 난다. 갓은 갈색~붉은빛을 띤 갈색, 어두운 재색~잿빛을 띤 갈색이며, 겉껍질이 터져 비늘 조각처럼 된다. 주름살은 촘촘하고 흰색이다. 자루는 갈색이나 잿빛을 띤 갈색 비늘 모양 조각이 덮여 있고, 흰색 막질 턱받이가 있다.

주름버섯과

나는 때
여름~가을

크기
갓 지름 8~20cm
자루 길이 15~25cm

식독 여부
식용 버섯

치마버섯 *Schizophyllum commune*

나무 그루터기, 죽은 줄기나 가지 위에 겹쳐서 난다. 갓은 흰색에서 잿빛을 띤 흰색~잿빛을 띤 갈색으로 변하고, 거친 털이 덮여 있으며, 부채 모양이나 원이 된다. 주름살은 촘촘하고 흰색, 연한 재색에서 연주황색, 자주색이 된다. 자루가 없다.

치마버섯과

나는 때
1년 내내

크기
갓 지름 1~3cm

식독 여부
식용 버섯, 약용 버섯

광택볏짚버섯(천사볏짚버섯) *Agrocybe dura*

숲 속 땅 위, 정원, 풀밭에 홀로 나거나 무리지어 난다. 갓은 황토색이 섞인 연한 누런색에서 크림색으로 변하며, 그물 모양으로 갈라진다. 주름살은 촘촘하고 흰색에서 잿빛을 띤 갈색~짙은 갈색이 된다. 자루에 불분명한 테 모양 턱받이가 있다.

포도버섯과

나는 때
봄~여름

크기
갓 지름 3~8cm
자루 길이 4~9cm

식독 여부
식용 버섯

볏짚버섯 *Agrocybe praecox*

포도버섯과

숲 속 땅 위, 황무지, 풀밭에 무리지어 나거나 다발로 난다. 갓은 볏짚 색에서 황토색으로 변하고, 오래 지나면 표면이 갈라지기도 한다. 주름살은 탁한 흰색에서 갈색이 된다. 자루에 막질 턱받이가 있고, 맨 아랫부분에는 흰색 균사속이 있다.

나는 때
봄~가을

크기
갓 지름 2~8cm
자루 길이 5~10cm

식독 여부
식용 버섯

개암버섯(개암다발버섯) *Hypholoma lateritium*

포도버섯과

나는 때
늦가을

크기
갓 지름 3~8cm
자루 길이 5~10cm

식독 여부
식용 버섯, 독버섯

나무 그루터기나 죽은 줄기, 땅에 묻힌 나무 위에 다발로 난다. 갓은 검은빛을 띤 갈색에서 탁한 붉은빛을 띤 갈색으로 변하며, 가장자리에 얇은 흰색 내피막 조각이 붙어 있다. 주름살은 흰빛을 띤 누런색에서 누런빛을 띤 갈색을 거쳐 자줏빛을 띤 갈색이 된다. 자루는 아래쪽으로 약간 가늘어진다.

노란개암버섯(노란다발버섯) *Hypholoma fasciculare*

나무 그루터기나 죽은 줄기, 땅에 묻힌 나무 위에 다발로 난다. 갓은 연한 누런색에서 초록빛을 띤 누런색으로 변하며, 가장자리에 비단 같은 비늘 조각이 있다. 주름살은 누런색에서 초록빛을 띤 누런색~초록빛을 띤 갈색이 된다. 자루는 세로로 된 섬유 모양이고, 거미집 모양 턱받이가 쉽게 떨어진다.

포도버섯과

나는 때
봄~초겨울

크기
갓 지름 2~7cm
자루 길이 3~10cm

식독 여부
맹독 버섯

무리우산버섯 *Kuehneromyces mutabilis*

포도버섯과

나무 그루터기나 썩은 부분, 죽은 줄기 위에 무리지어 나거나 다발로 난다. 갓은 누런빛을 띤 갈색에서 붉은빛을 띤 갈색, 검은빛을 띤 갈색으로 변하며, 가장자리에 줄무늬가 있다. 주름살은 연한 누런색에서 붉은빛을 띤 갈색이 된다. 자루 위쪽에 막질이나 섬유 모양 턱받이가 붙어 있다.

나는 때
봄~가을

크기
갓 지름 2~5cm
자루 길이 3~7cm

식독 여부
식용 버섯, 독버섯

검은비늘버섯 *Pholiota adiposa*

포도버섯과

활엽수 그루터기나 줄기 위에 다발로 난다. 갓은 붉은빛을 띤 갈색에서 누런색~황금색으로 변하고, 비늘 조각이 덮여 있다. 주름살은 촘촘하고 흰빛을 띤 누런색에서 갈색이 된다. 턱받이는 연한 누런색 막질이다. 자루는 턱받이 위쪽이 누런색이고, 맨 아랫부분에 갈색 비늘 모양 조각이 있다.

나는 때
봄, 가을

크기
갓 지름 3~8cm
자루 길이 4~11cm

식독 여부
식용 버섯, 약용 버섯

땅비늘버섯(참비늘버섯) *Pholiota terrestris Overh*

숲 속 땅 위, 길가, 공원, 풀밭에 다발로 난다. 갓은 잿빛을 띤 갈색에서 좀 더 누런빛을 띤 색으로 변하며, 진한 잿빛을 띤 갈색 비늘 조각이 덮여 있다. 주름살은 촘촘하고 연한 누런색에서 누런빛을 띤 갈색~갈색이 되며, 바르게 붙은 모양이다. 자루에 연갈색 비늘 모양 조각이 붙어 있다.

포도버섯과

나는 때
봄~가을

크기
갓 지름 2~6cm
자루 길이 3~7cm

식독 여부
식용 버섯, 독버섯

흑목이(목이) *Auricularia heimuer*

활엽수 그루터기, 줄기나 가지 위에 무리지어 난다. 겉모습은 작은 귀 모양에서 더 자라면 불규칙한 막처럼 얇고 넓게 퍼진다. 윗면은 누런빛~검붉은빛을 띤 갈색으로 다 자라면 붉은빛을 띤 갈색이 되고, 짧은 털이 덮여 있다. 마르면 윗면이 쪼그라져 검은빛을 띤 갈색으로 변한다. 아랫면이 윗면보다 색이 연하다.

목이과

나는 때
봄~가을

크기
지름 3~10cm

식독 여부
식용 버섯, 약용 버섯

뿔목이(털목이) *Auricularia cornea*

활엽수 고목, 죽은 줄기나 가지 위에 무리지어 난다. 겉모습은 귀 모양으로 연한 아교질인데, 마르면 연골처럼 단단해진다. 윗면은 잿빛을 띤 흰색~잿빛을 띤 갈색 가는 털로 덮여 있다. 자실층인 아랫면은 매끄럽고, 연갈색에서 어두운 자줏빛을 띤 갈색이 된다. 자루는 없다.

목이과

나는 때
봄~초겨울

크기
지름 3~6cm

식독 여부
식용 버섯, 약용 버섯

아교좀목이 *Exidia uvapassa*

목이과

활엽수 죽은 줄기나 가지 위에 무리지어 난다. 자실체는 원이나 타원형으로, 젤리 같다. 신선할 때는 매끈하고 연주황색이다가, 햇빛에 드러나면 연붉은빛을 띤 갈색으로 변하고 표면에 요철이 심해진다. 마르면 검은빛을 띤 갈색이 된다. 표면에 잔주름이 많다.

나는 때
봄~초겨울

크기
지름 2~3cm

식독 여부
식용 버섯

산속그물버섯아재비 *Baorangia pseudocalopus*

그물버섯과

숲 속 땅 위에 홀로 나거나 무리지어 난다. 갓은 반원 모양이다가 납작해지고, 붉은빛을 띤 갈색에서 누런빛을 띤 갈색으로 변하며, 오래 지나면 탁한 붉은빛을 띤 갈색이 된다. 관공은 누런색에서 탁한 갈색으로 변하고, 상처가 나면 푸른색이 된다. 자루 위쪽에 미세한 그물 무늬가 있다.

나는 때
여름~가을

크기
갓 지름 4~15cm
자루 길이 5~13cm

식독 여부
독버섯

가죽밤그물버섯 *Boletellus emodensis*

활엽수 그루터기, 그 주변 땅 위에 홀로 나거나 무리 지어 난다. 갓은 포도주처럼 붉은색에서 붉은빛을 띤 갈색으로 변하고, 오래 지나면 연한 잿빛을 띤 갈색~어두운 갈색이 된다. 관공은 누런색에서 누런 초록빛을 띤 갈색으로 변한다. 상처가 나면 푸른색이 된다. 자루 맨 아랫부분에 흰색 균사가 있다.

그물버섯과

나는 때
여름~가을

크기
갓 지름 4~10cm
자루 길이 7~10cm

식독 여부
식용 버섯

그물버섯아재비 *Boletus reticulatus*

그물버섯과

숲 속 땅 위에 홀로 나거나 무리지어 나고, 둥글게 줄지어 돋아나기(균환)도 한다. 갓은 벨벳 질감으로 검푸른빛을 띤 갈색에서 누런빛을 띤 갈색으로 변한다. 관공은 촘촘하고, 흰색에서 연한 누런색~누런빛을 띤 초록색이 된다. 자루에 도드라진 그물 무늬가 있다.

나는 때
여름~가을

크기
갓 지름 5~20cm
자루 길이 8~14cm

식독 여부
식용 버섯

빨간구멍그물버섯 *Boletus subvelutipes*

숲 속 땅 위에 무리지어 난다. 갓은 벨벳처럼 점차 매끄러워지고, 붉은빛을 띤 갈색에서 어두운 갈색이 된다. 관공은 촘촘하고, 누런색에서 누런빛을 띤 초록색으로 변한다. 상처가 나면 푸른색이 된다. 자루는 누런 바탕에 어두운 붉은색~붉은빛을 띤 갈색 점 모양 비늘 조각이 있다.

그물버섯과

나는 때
여름~가을

크기
갓 지름 5~13cm
자루 길이 5~14cm

식독 여부
식용 버섯

수원그물버섯 *Boletus auripes*

활엽수림 땅 위에 홀로 나거나 무리지어 난다. 갓은 벨벳처럼 매끄러우며, 밝은 갈색에서 누런빛을 띤 갈색이 되고, 다 자라면 황토색~짙은 누런색으로 변한다. 관공은 촘촘하고, 누런색에서 누런빛을 띤 초록색이 된다. 자루는 누런색으로 위쪽에 그물 무늬가 있다.

그물버섯과

나는 때
여름

크기
갓 지름 6~15cm
자루 길이 7~12cm

식독 여부
식용 버섯

흑자색그물버섯 *Boletus violaceofuscus*

숲 속 땅 위에 홀로 나거나 무리지어 난다. 갓은 누런빛을 띤 갈색에서 검은빛을 띤 자주색으로 변한 다음, 탁한 누런빛을 띤 갈색 얼룩이 생긴다. 관공은 촘촘하고, 흰색에서 연한 누런색~탁한 누런빛을 띤 갈색이 된다. 자루는 흰색 그물 무늬가 도드라지고, 맨 아랫부분에 흰색 균사가 있다.

그물버섯과

나는 때
여름~가을

크기
갓 지름 5~10cm
자루 길이 5~9cm

식독 여부
식용 버섯

녹색쓴맛그물버섯 *Chiua virens*

숲 속 땅 위에 홀로 나거나 무리지어 난다. 갓은 초록빛을 띤 누런색으로, 미세한 털이 덮여 있다. 관공은 원형~다각형으로 촘촘하고, 연붉은색에서 자라면 짙어진다. 자루는 연한 누런색 바탕에 불분명하고 긴 그물 무늬가 있으며, 맨 아랫부분이 밝은 누런색이다.

그물버섯과

나는 때
여름~가을

크기
갓 지름 4~6cm
자루 길이 6~9cm

식독 여부
밝혀지지 않음

쓴맛노란대그물버섯(노란대쓴맛그물버섯) *Harrya chromipes*

숲 속 땅 위에 홀로 나거나 무리지어 난다. 갓은 벨벳 같은 질감으로 검은빛을 띤 갈색, 연붉은색, 연한 포도주색으로 변화가 심하다. 관공은 촘촘하고, 흰색에서 분홍색이 된다. 자루는 크림색~연붉은색 바탕에 가는 분홍색 비늘 모양 조각이 덮여 있다.

그물버섯과

나는 때
여름

크기
갓 지름 3~10cm
자루 길이 6~9cm

식독 여부
식용 버섯

노란길민그물버섯 *Phylloporus bellus*

그물버섯과

활엽수림 땅 위, 공원, 길가, 풀밭에 홀로 나거나 무리지어 난다. 갓은 벨벳 같은 질감으로 검붉은빛을 띤 갈색에서 누런빛을 띤 갈색이 된다. 주름살은 누런색에서 누런빛을 띤 갈색~초록빛을 띤 갈색으로 변하고, 길게 내려 붙은 모양이며, 간격이 성기다. 상처가 나면 푸른색이 된다.

나는 때
여름~가을

크기
갓 지름 3~6cm
자루 길이 3~7cm

식독 여부
식용 버섯, 독버섯

분말그물버섯(노랑분말그물버섯) *Pulveroboletus ravenelii*

침엽수림 땅 위에 홀로 나거나 무리지어 난다. 갓은 레몬 같은 노란색이고, 가운데가 붉은빛을 띤 갈색~갈색이다. 관공은 촘촘하고, 연한 누런색에서 초록빛을 띤 누런색~어두운 갈색으로 변한다. 상처가 나면 천천히 푸른색이 된다. 자루는 갓과 같은 색이고, 아래쪽으로 가늘어진다.

그물버섯과

나는 때
여름~가을

크기
갓 지름 4~10cm
자루 길이 4~10cm

식독 여부
독버섯

접시껄껄이그물버섯 *Rugiboletus extremiorientalis*

숲 속 땅 위에 홀로 나거나 무리지어 난다. 갓은 벨벳 같은 질감으로 붉은빛을 띤 갈색이다가 오렌지빛을 띤 갈색이 되고, 크게 균열이 생긴다. 관공은 촘촘하고, 누런색에서 초록빛을 띤 누런색으로 변한다. 상처가 나도 색은 변하지 않는다. 자루에 누런빛을 띤 갈색 점 모양 비늘 조각이 붙어 있다.

그물버섯과

나는 때
여름~가을

크기
갓 지름 10~25cm
자루 길이 5~15cm

식독 여부
식용 버섯, 약용 버섯

귀신그물버섯 *Strobilomyces strobilaceus*

숲 속 땅 위에 홀로 나거나 무리지어 난다. 갓은 검은빛을 띤 갈색 솔방울 모양이나 사마귀 모양 비늘 조각이 덮여 있고, 가장자리에 내피막 조각이 붙어 있다. 관공은 간격이 약간 성기고, 흰색에서 어두운 재색~검은색이 된다. 상처가 나면 붉은빛을 띤 갈색을 거쳐 검은색으로 변한다.

그물버섯과

나는 때
여름~가을

크기
갓 지름 5~10cm
자루 길이 6~15cm

식독 여부
식용 버섯, 약용 버섯

은빛쓴맛그물버섯 *Sutorius eximius*

활엽수림 땅 위에 홀로 나거나 무리지어 난다. 갓은 미세한 흰색 가루로 덮여 있다가 매끄러워지고, 보랏빛을 띤 갈색에서 어두운 붉은빛을 띤 갈색이 된다. 관공은 촘촘하고, 연자줏빛을 띤 갈색에서 칙칙한 자줏빛을 띤 갈색으로 변한다. 자루에 붉은빛을 띤 갈색 비늘 모양 조각이 덮여 있다.

그물버섯과

나는 때
여름~가을

크기
갓 지름 5~12cm
자루 길이 4~9cm

식독 여부
식용 버섯, 독버섯

제주쓴맛그물버섯 *Tylopilus neofelleus*

숲 속 땅 위에 홀로 나거나 무리지어 난다. 갓은 벨벳 같은 질감으로, 초록빛을 띤 갈색에서 보랏빛과 갈색이 섞인 색이다. 관공은 촘촘하고, 연한 흰색에서 분홍색~연자주색이 된다. 자루는 갓과 같은 색이고, 맨 아랫부분에 흰색 균사가 있다.

그물버섯과

나는 때
여름~가을

크기
갓 지름 5~12cm
자루 길이 6~11cm

식독 여부
식용 버섯, 약용 버섯

진갈색멋그물버섯(황금씨그물버섯) *Xanthoconium affine*

숲 속 땅 위에 홀로 나거나 무리지어 난다. 갓은 벨벳 같은 질감으로, 어두운 갈색에서 누런빛을 띤 갈색으로 변한다. 관공은 촘촘하고, 연한 누런색에서 누런빛을 띤 갈색으로 변하며, 만지면 갈색이 된다. 자루 위쪽에 미세한 그물 무늬가 있고, 맨 아랫부분은 흰색이다.

그물버섯과

나는 때
여름~가을

크기
갓 지름 3~8cm
자루 길이 5~12cm

식독 여부
식용 버섯, 독버섯

호두산그물버섯 *Xerocomus hortonii*

그물버섯과

활엽수림 땅 위에 홀로 나거나 몇 개씩 난다. 갓은 습할 때 끈적거리고, 탁한 붉은빛을 띤 갈색에서 갈색~연한 누런빛을 띤 갈색이 되며, 쭈글쭈글하게 심한 요철 모양으로 변한다. 관공은 촘촘하고, 누런색에서 초록빛을 띤 누런색이 되며, 상처가 나도 색은 변하지 않는다. 자루는 대체로 매끄럽다.

나는 때
여름~가을

크기
갓 지름 5~11cm
자루 길이 4~10cm

식독 여부
식용 버섯

비단그물버섯 *Suillus luteus*

침엽수림 땅 위에 흩어져 나거나 무리지어 난다. 갓은 갈색, 붉은빛~누런빛을 띤 갈색이다가 옅은 색으로 변하며, 광택이 있다. 관공은 촘촘하고, 누런색에서 초록빛을 띤 누런색~누런빛을 띤 갈색이 된다. 자루는 흰색에서 누런색으로 변하고, 밝은 누런색~갈색 점 모양 비늘 조각이 있다.

비단그물버섯과

나는 때
가을

크기
갓 지름 5~10cm
자루 길이 4~7cm

식독 여부
식용 버섯, 약용 버섯, 독버섯

젖비단그물버섯 *Suillus granulatus*

침엽수림 땅 위에 흩어져 나거나 무리지어 난다. 갓은 붉은빛을 띤 갈색에서 누런빛을 띤 갈색으로 변하고, 습할 때 매우 끈적거린다. 관공은 노란색에서 누런빛을 띤 갈색이 되고, 어릴 때 흰빛을 띤 누런색 유액이 나온다. 자루에 갈색 점 모양 비늘 조각이 있다.

비단그물버섯과

나는 때
여름~가을

크기
갓 지름 4~10cm
자루 길이 4~7cm

식독 여부
식용 버섯, 독버섯

황소비단그물버섯 *Suillus bovinus*

침엽수림 땅 위에 홀로 나거나 무리지어 난다. 갓은 붉은빛을 띤 갈색에서 누런빛을 띤 갈색으로 변한다. 습할 때 매우 끈적거리고, 마르면 약간 광택이 있다. 관공은 간격이 약간 성기고, 초록빛을 띤 누런색으로 내려 붙은 모양이다. 자루는 갓과 같은 색이고, 맨 아랫부분에 흰색 균사가 있다.

비단그물버섯과

나는 때
늦여름~가을

크기
갓 지름 3~10cm
자루 길이 3~6cm

식독 여부
식용 버섯, 약용 버섯

먼지버섯 *Astraeus hygrometricus*

숲 속 땅 위, 길가의 비탈진 땅, 등산로 주변에 무리 지어 난다. 자실체는 납작한 공 모양이고, 다 자라면 두껍고 단단한 가죽 같은 겉껍질이 6~10개로 갈라져 별 모양으로 뒤집힌다. 갈라진 겉껍질 안쪽은 흰색이며, 논바닥처럼 갈라진다.

먼지버섯과

나는 때
봄~초겨울

크기
지름 2~3cm

식독 여부
약용 버섯

어리알버섯 *Scleroderma verrucosum*

어리알버섯과

숲 속 모래땅 위에 무리지어 난다. 자실체는 찌그러진 원에서 좀 더 납작해진다. 겉껍질은 두껍고 진갈색이다가 자라며 불규칙하게 갈라져 알갱이 모양 비늘 조각으로 되면서 연한 누런빛을 띤 갈색 바탕이 드러난다. 상처가 나면 자주색으로 변한다.

나는 때
여름~가을

크기
지름 2~5cm

식독 여부
독버섯

꽃잎주름버짐버섯(꽃잎우단버섯) *Pseudomerulius curtisii*

은행잎버섯과

침엽수 그루터기나 죽은 줄기 위에 겹쳐서 난다. 갓은 반원과 부채, 심장 모양으로 겨자색을 띤 황색이고, 매끈하거나 부드러운 천 같은 느낌이다. 주름살은 누런색, 밝은 누런색으로 촘촘하고, 주름진 가로 맥이 뭉치고 불규칙하게 여러 번 갈라져 물결 모양을 나타낸다.

나는 때
여름~가을

크기
갓 지름 2~6cm

식독 여부
독버섯

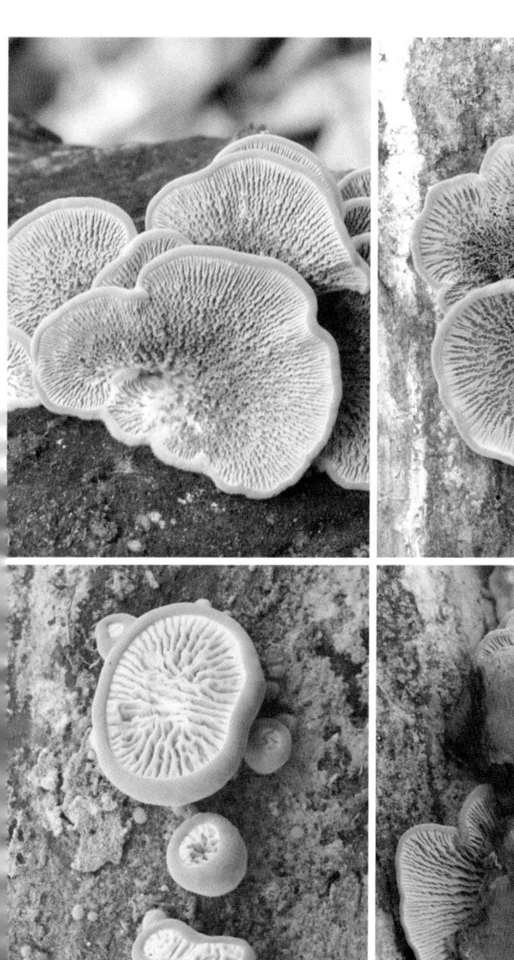

꾀꼬리버섯 *Cantharellus cibarius*

숲 속 땅 위나 모래땅에 무리지어 난다. 갓은 반원에서 깔때기 모양이 되고, 붉은 갈색을 띤 누런색이 점점 밝아지다가 오래 지나면 갓이 탁한 누런색으로 변하고, 가장자리가 잘게 갈라지며 물결 모양이 된다. 주름살은 길게 내려 붙은 모양이고 가로 맥으로 연결된다.

꾀꼬리버섯과

나는 때
여름~가을

크기
갓 지름 3~8cm
자루 길이 1.5~6cm

식독 여부
식용 버섯, 약용 버섯

붉은꾀꼬리버섯 *Cantharellus cinnabarinus*

꾀꼬리버섯과

숲 속 땅 위에 홀로 나거나 무리지어 난다. 갓은 깔때기 모양이고, 붉은 주황색으로 매끄러우며, 가장자리가 물결 모양이 되거나 잘게 갈라진다. 주름살은 연주황빛이 도는 흰색으로 내려 붙은 모양이고, 가로맥으로 연결된다. 자루에 세로줄이 있다.

나는 때
여름~가을

크기
갓 지름 2~4cm
자루 길이 2~5cm

식독 여부
식용 버섯

애기꾀꼬리버섯 *Cantharellus minor*

숲 속 땅 위에 흩어져 나거나 무리지어 난다. 갓은 얕은 깔때기 모양이고 누런색이다. 가장자리가 안쪽으로 말려 있고, 오래 지나면 물결 모양이 된다. 주름살은 갓과 같은 색으로 내려 붙은 모양이고, 가로 맥으로 연결된다. 자루는 누런색으로 굽었고 매끄럽다.

꾀꼬리버섯과

나는 때
여름~가을

크기
갓 지름 0.5~2cm
자루 길이 2~3cm

식독 여부
식용 버섯, 약용 버섯

뿔나팔버섯 *Craterellus cornucopioides*

꾀꼬리버섯과

숲 속 땅 위에 무리지어 나거나 다발로 난다. 갓은 깊은 깔때기 모양이고, 검은빛을 띤 갈색에서 잿빛을 띤 갈색으로 변한다. 가장자리는 오래 지나면 갈라져 물결 모양이 된다. 아랫면은 잿빛을 띤 흰색~푸른빛을 띤 재색으로 자루와 자연스럽게 연결되고, 자루는 아래쪽으로 가늘어진다.

나는 때
여름~가을

크기
갓 지름 1~5cm
높이 5~10cm

식독 여부
식용 버섯

볏싸리버섯 *Clavulina coralloides*

숲 속 땅 위, 공원, 길가, 풀밭에 홀로 나거나 무리지어 난다. 자실체는 자루 맨 아래에서 나온 가지가 여러 번 갈라져 산호 모양이 된다. 가지는 짧고 불규칙하게 갈라지며, 끝이 뾰족하게 여러 갈래로 갈라진다. 표면은 흰색, 흰빛을 띤 누런색, 연한 잿빛을 띤 갈색이고, 살은 흰색이다.

볏싸리버섯과

나는 때
여름~가을

크기
높이 2~6cm

식독 여부
식용 버섯

턱수염버섯 *Hydnum repandum*

숲 속 땅 위에 무리지어 나고, 둥글게 줄지어 나기도 한다. 갓은 누런빛을 띤 갈색에서 점차 옅어지고, 매끄럽거나 가는 털로 덮여 있다. 아랫면은 흰색에서 연한 누런빛을 띤 갈색으로, 바늘 모양 돌기가 무수히 많다. 자루는 흰색이나 갓과 같은 색이며, 불규칙하게 구부러진다.

턱수염버섯과

나는 때
여름~가을

크기
갓 지름 2~8cm
자루 길이 3~6cm

식독 여부
식용 버섯, 독버섯

목도리방귀버섯 *Geastrum triplex*

숲 속 부엽토에 무리지어 난다. 자실체는 가운데가 뾰족한 공 모양이고, 잿빛을 띤 녹색으로 표면이 갈라져 큰 비늘 모양 조각이 생긴다. 겉껍질은 5~8개 조각으로 갈라져 별 모양이고, 갈라진 겉껍질은 2층이 된다. 정공 둘레에 동그란 자국이 뚜렷하다.

방귀버섯과

나는 때
여름~가을

크기
지름 3~4cm

식독 여부
밝혀지지 않음

애기방귀버섯 *Geastrum mirabile*

숲 속 낙엽 위에 무리지어 난다. 자실체는 공 모양이고, 표면은 갈색이나 붉은빛을 띤 갈색 솜털 모양 비늘 조각이 덮여 있다. 자라면 겉껍질이 5~7개 조각으로 갈라져 열리면서 별 모양이 된다. 정공은 원뿔형으로 둘레에 동그란 자국이 뚜렷하다.

방귀버섯과

나는 때
여름~가을

크기
지름 0.5~1cm

식독 여부
밝혀지지 않음

붉은싸리버섯 *Ramaria formosa*

활엽수림 땅 위에 무리지어 나거나 줄지어 난다. 자실체는 자루 맨 아래에서 나온 가지 몇 개가 'U 자' 모양으로 거듭 갈라져 산호처럼 된다. 가지 표면은 어릴 때 주홍색에서 분홍색을 거쳐 점차 누런색이 짙어지다가 탁한 누런색으로 변한다. 아랫부분이 짧고 뭉툭하다.

나팔버섯과

나는 때
가을

크기
높이 5~20cm
너비 10~20cm

식독 여부
독버섯

금빛소나무비늘버섯(금빛진흙버섯) *Hymenochaete xerantica*

소나무비늘버섯과

나는 때
여름~가을

크기
갓 지름 3~10cm

식독 여부
약용 버섯

활엽수 그루터기나 죽은 줄기 위에 겹쳐서 난다. 갓은 반원~기와 모양이며, 누런빛을 띤 갈색에서 갈색으로 변하고, 미세한 털로 덮여 있다. 갓 표면에 얕게 파인 테 무늬가 있으며, 가장자리는 밝은 누런색이다. 관공은 원형으로 촘촘하고, 누런색에서 갈색이 된다.

마른진흙버섯 *Phellinus gilvus*

소나무비늘버섯과

나는 때
여름~가을

크기
갓 지름 3~8cm

식독 여부
약용 버섯

활엽수 죽은 줄기나 가지 위에 겹쳐서 난다. 반배착생이며 위아래로 겹쳐서 기주 위에 넓게 퍼진다. 갓은 반원 모양이고, 누런빛을 띤 갈색에서 갈색으로 변하며, 짧고 거친 털과 사마귀 같은 돌기로 덮여 있다. 관공은 촘촘하고, 누런빛을 띤 갈색에서 어두운 갈색이 된다. 자루는 없다.

노란이끼버섯(패랭이버섯) *Rickenella fibula*

숲 속 땅 위, 정원, 공원 등의 이끼가 많은 땅 위에 흩어져 나거나 무리지어 난다. 갓은 밝은 누런색이나 밝은 누런빛을 띤 붉은색이고, 가운데는 진한 색으로 납작하면서 오목하다. 주름살은 연한 누런색이고 내려 붙은 모양이며, 간격이 매우 성기다. 자루는 연한 누런색으로 속이 비었다.

이끼버섯과

나는 때
봄~여름

크기
갓 지름 0.5~1.3cm
자루 길이 2~5cm

식독 여부
독버섯

바구니버섯(붉은바구니버섯) *Clathrus ruber*

숲 속 유기질 땅 위에 홀로 나거나 몇 개씩 난다. 자실체는 어릴 때 흰색 알 모양이고, 다 자라면 껍질이 찢어지고 가지가 나와 서로 둥글게 붙은 바구니 모양이 된다. 자루 사이 구멍은 아홉 개 정도다. 가지는 밝은 붉은색이고 안쪽이 더 진하며, 초록빛을 띤 갈색 점액이 덮여 있다.

말뚝버섯과

나는 때
여름~가을

크기
지름 3~7cm

식독 여부
밝혀지지 않음

말뚝버섯 *Phallus impudicus*

숲 속 땅 위, 정원, 길가, 대숲에 홀로 나거나 몇 개씩 난다. 자실체는 어릴 때 흰색 알 모양이고, 다 자라면 자루와 갓이 나온다. 갓은 흰색 다각형 그물 무늬가 돋아 있고, 어두운 초록색 점액으로 덮여 있다. 자루는 원기둥 모양이고, 흰색 스펀지 같은 질감이다.

말뚝버섯과

나는 때
여름~가을

크기
갓 높이 3~5cm
자루 길이 10~15cm

식독 여부
식용 버섯, 약용 버섯

망태말뚝버섯 *Phallus indusiatus*

대숲의 땅 위에 흩어져 나거나 무리지어 난다. 자실체는 어릴 때 흰색 알 모양이고, 다 자라면 자루와 갓이 나온다. 갓은 불규칙한 그물 무늬가 도드라지고, 어두운 초록빛을 띤 갈색 점액으로 덮여 있다. 갓 아래쪽과 자루 사이에서 그물 모양 망토가 펼쳐진다. 자루는 흰색이다.

말뚝버섯과

나는 때
여름~초가을

크기
갓 높이 2.5~4cm
자루 길이 10~20cm

식독 여부
식용 버섯, 약용 버섯

노란망태말뚝버섯(노랑망태말뚝버섯) *Phallus luteus*

숲 속 땅 위에 홀로 나거나 무리지어 난다. 자실체는 어릴 때 알 모양이고, 다 자라면 자루와 갓이 나온다. 갓은 불규칙한 그물 무늬가 도드라지고, 옅은 누런색 바탕에 초록빛을 띤 파란색 점액으로 덮여 있다. 갓 아래쪽과 자루 사이에서 노란색 그물 모양 망토가 펼쳐진다.

말뚝버섯과

나는 때
여름~가을

크기
갓 높이 2~3.5cm
자루 길이 8~15cm

식독 여부
식용 버섯

세발버섯 *Pseudocolus fusiformis*

숲 속 부엽토, 썩은 나무, 낙엽 더미 위에 홀로 나거나 무리지어 난다. 자실체는 어릴 때 흰색 달걀 모양이고, 다 자라면 자루 맨 아래에서 구부러진 팔 3~4개로 갈라지는데, 그 끝이 붙어 있다. 팔 안쪽은 오렌지빛을 띤 붉은색이고, 검은빛을 띤 갈색 점액질로 덮여 있다.

말뚝버섯과

나는 때
봄~가을

크기
자실체 높이 4~8cm

식독 여부
밝혀지지 않음

삼색도장버섯 *Daedaleopsis tricolor*

활엽수 죽은 줄기나 가지 위에 겹쳐서 무리지어 난다. 갓은 반원이나 조개껍데기 모양으로 잿빛을 띤 갈색, 자줏빛을 띤 갈색, 검은빛을 띤 갈색이고, 테 무늬를 만들며, 주름이 있다. 갓 가장자리는 끝이 날카롭다. 자실층인 아랫면은 주름살로 촘촘하고, 흰색에서 잿빛을 띤 갈색이 된다.

구멍장이버섯과

나는 때
여름~가을

크기
갓 지름 2~8cm

식독 여부
밝혀지지 않음

때죽조개껍질버섯(때죽도장버섯) *Lenzites styracina*

구멍장이버섯과

활엽수(때죽나무, 쪽동백나무) 죽은 줄기 위에 겹쳐서 무리지어 난다. 갓은 반원이나 조개껍데기 모양이고, 잿빛을 띤 흰색이나 붉은빛을 띤 갈색, 자줏빛을 띤 갈색으로 홈이 있는 테 무늬를 만들며, 주름이 있다. 자실층인 아랫면은 주름살로 흰색에서 잿빛을 띤 흰색이 되고, 간격이 매우 성기다. 자루는 없다.

나는 때
여름~가을

크기
갓 지름 2~4cm

식독 여부
밝혀지지 않음

조개껍질버섯 *Lenzites betulina*

구멍장이버섯과

나는 때
여름~가을

크기
갓 지름 2~10cm

식독 여부
밝혀지지 않음

나무 그루터기나 줄기 위에 무리지어 난다. 갓은 반원이나 조개껍데기 모양이고, 누런빛을 띤 재색이나 잿빛을 띤 흰색, 잿빛을 띤 갈색, 갈색, 어두운 갈색으로 비교적 좁은 테 무늬를 만든다. 자실층인 아랫면은 주름살이고, 흰색에서 흰빛을 띤 누런색을 거쳐 재색으로 변하며, 간격이 성기다. 자루는 없다.

메꽃버섯(부채메꽃버섯) *Microporus affinis*

활엽수 죽은 줄기나 가지 위에 무리지어 난다. 갓은 누런빛을 띤 갈색, 자줏빛을 띤 갈색, 검은빛을 띤 갈색이며, 폭이 좁은 테 무늬가 있다. 자실층인 아랫면은 관공으로 촘촘하고, 흰색에서 흰빛을 띤 누런색이 된다. 자루는 매우 짧고, 기주에 원반 모양으로 붙어 있다.

구멍장이버섯과

나는 때
여름~가을

크기
갓 지름 2~5cm

식독 여부
밝혀지지 않음

벌집구멍장이버섯(붉은색새벌집버섯) *Neofavolus alveolaris*

활엽수(드물게 침엽수) 죽은 줄기나 가지 위에 무리지어 난다. 갓은 연한 누런빛을 띤 갈색에서 연갈색이 되고, 미세한 비늘 모양 조각으로 덮여 있으며, 가장자리가 아래로 말려 있다. 자실층인 아랫면은 관공으로 벌집 모양이 크고 간격이 매우 성기며, 연한 누런색이다.

구멍장이버섯과

나는 때
봄~가을

크기
갓 지름 2~6cm

식독 여부
식용 버섯, 약용 버섯

포도색잔나비버섯 *Nigroporus vinosus*

침엽수 그루터기, 죽은 줄기나 가지 위에 겹쳐서 난다. 갓은 진한 포도색, 어두운 재색, 자줏빛을 띤 갈색으로, 얕게 파인 테 무늬가 있고 매끄럽다. 자실층인 아랫면은 관공으로 촘촘하고, 연한 포도색에서 검은빛을 띤 자주색이 되며, 상처가 나면 짙은 포도주색으로 변한다.

구멍장이버섯과

나는 때
여름~가을

크기
갓 지름 4~10cm

식독 여부
밝혀지지 않음

아까시흰구멍버섯(아까시재목버섯) *Perenniporia fraxinea*

침엽수와 활엽수 밑동, 나무 그루터기 위에 겹쳐서 난다. 갓은 누런색에서 누런빛을 띤 갈색~붉은빛을 띤 갈색~검은빛을 띤 갈색이 되고, 불분명하게 파인 테 무늬를 만들며, 가장자리는 자랄 때 흰빛을 띤 누런색이다. 자실층인 아랫면은 관공이고, 흰빛을 띤 누런색에서 잿빛을 띤 흰색으로 변한다.

구멍장이버섯과

나는 때
여름~가을

크기
갓 지름 5~15cm

식독 여부
약용 버섯

결절구멍장이버섯(구멍장이버섯) *Polyporus tuberaster*

활엽수림 땅 위, 죽은 줄기나 가지 위에 홀로 나거나 무리지어 난다. 갓은 연한 누런빛을 띤 갈색 바탕에 갈색~붉은빛을 띤 갈색 크고 납작한 비늘 모양 조각으로 덮여 있다. 자실층인 아랫면은 관공으로 간격이 성기고, 흰색에서 연한 누런색이 된다.

구멍장이버섯과

나는 때
여름~가을

크기
갓 지름 3~10cm

식독 여부
식용 버섯

간송편버섯(간버섯) *Trametes coccinea*

구멍장이버섯과

나는 때
봄~가을

크기
갓 지름 3~10cm
두께 0.5cm 이하

식독 여부
약용 버섯

활엽수(드물게 침엽수) 죽은 줄기나 가지 위에 겹쳐서 무리지어 난다. 갓은 반원이나 부채 모양으로 주홍색이고, 연주황색 불분명한 테 무늬가 있으며, 질긴 가죽 같은 질감이다. 자실층인 아랫면은 관공으로 촘촘하고, 주홍색~짙은 붉은색이다. 자루는 없다.

구름송편버섯(운지) *Trametes versicolor*

나무 그루터기나 죽은 줄기 위에 겹쳐서 무리지어 난다. 갓은 재색이나 황토색을 띤 갈색, 검은빛을 띤 갈색, 검은빛을 띤 재색으로 좁은 테 무늬를 만들고, 짧은 털로 덮여 있다. 자실층인 아랫면은 관공으로 원형이고 촘촘하며, 흰색에서 탁한 누런색이나 잿빛을 띤 갈색이 된다.

구멍장이버섯과

나는 때
여름~가을

크기
갓 지름 2~5cm

식독 여부
약용 버섯

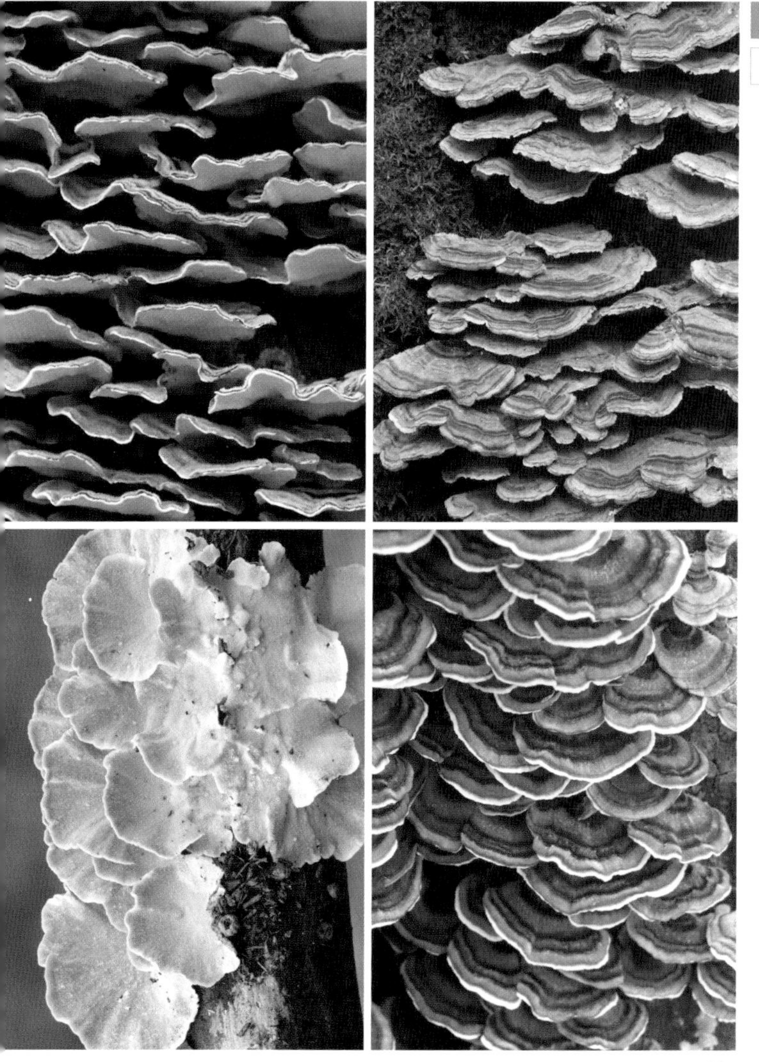

장미자색구멍버섯 *Truncospora roseoalba*

활엽수 죽은 줄기나 가지 위에 난다. 갓은 반원이나 말굽 모양이고, 연한 잿빛~자줏빛을 띤 갈색을 거쳐 잿빛을 띤 검은색으로 변한다. 자실층인 아랫면은 관공으로 촘촘하고, 분홍색을 띤 포도주색에서 붉은빛을 띤 갈색이 된다. 상처가 나면 진한 자줏빛을 띤 갈색으로 변한다.

구멍장이버섯과

나는 때
여름~가을

크기
갓 지름 3~10cm

식독 여부
밝혀지지 않음

명아주개떡버섯 *Tyromyces sambuceus*

활엽수 그루터기나 죽은 줄기 위에 난다. 갓은 반원이나 부채 모양으로, 밝은 주황색에서 흰색~연갈색이 되며, 미세한 털로 덮여 있고 주름과 요철이 생긴다. 살은 코르크 질감이다. 자실층인 아랫면은 관공이고 촘촘하며, 흰색에서 흰빛을 띤 누런색으로 변한다.

구멍장이버섯과

나는 때
초여름

크기
갓 지름 10~20cm

식독 여부
식용 버섯

불로초(영지) *Ganoderma lucidum*

활엽수 밑동이나 그루터기 위에 홀로 나거나 무리지어 난다. 어릴 때 흰빛을 띤 누런색 막대 모양에서 갓을 만든다. 갓 표면은 갈색~붉은빛을 띤 갈색으로 변하고, 광택이 나는 각피로 되어 있으며, 둥글게 파인 테 무늬가 있다. 자실층인 아랫면은 관공으로 촘촘하다.

불로초과

나는 때
여름~가을

크기
갓 지름 5~15cm

식독 여부
약용 버섯

잔나비불로초 *Ganoderma applanatum*

불로초과

활엽수 그루터기나 죽은 줄기, 살아 있는 나무 위에 난다. 갓은 옅은 갈색에서 붉은빛을 띤 갈색~잿빛을 띤 흰색~잿빛을 띤 갈색으로 변하고, 둥글게 파인 테 무늬가 있다. 자실층인 아랫면은 관공으로 미세한 원형이 촘촘하고, 흰색에서 흰빛을 띤 누런색이 된다. 상처가 나면 커피색으로 변한다.

나는 때
1년 내내

크기
갓 지름 10~50cm

식독 여부
약용 버섯

흰둘레줄버섯 *Bjerkandera fumosa*

활엽수 그루터기나 죽은 줄기 위에 겹쳐서 난다. 갓은 다른 개체와 합쳐져 기와 모양이 되고, 흰색에서 점점 갈색 기가 돌며, 가장자리는 흰색이다. 자실층인 아랫면은 관공이고 촘촘하며, 흰색에서 재색으로 변한다. 마르면 코르크 질감이 된다.

아교버섯과

나는 때
봄, 가을~초겨울

크기
갓 지름 2.5~12cm

식독 여부
밝혀지지 않음

송곳니기계충버섯(송곳니털구름버섯) *Irpex consor*

활엽수 그루터기, 죽은 줄기나 가지 위에 겹쳐서 무리지어 난다. 갓은 크림색에서 살구색을 거쳐 붉은빛을 띤 갈색이 되고, 희미한 테 무늬가 있으며, 가장자리가 날카롭고 약간 톱니 모양이다. 자실층인 아랫면은 크림색으로 이빨 모양 돌기가 촘촘하다.

아교버섯과

나는 때
여름~가을

크기
갓 지름 1~3cm

식독 여부
밝혀지지 않음

동심바늘버섯 *Metuloidea murashkinskyi*

활엽수 죽은 줄기나 가지 위에 난다. 갓은 반원~선반 모양이고, 매끄럽거나 벨벳 같은 질감으로 연한 오렌지빛을 띤 갈색에서 붉은빛~탁한 누런빛을 띤 갈색이 되며, 뚜렷한 테 무늬가 있다. 자실층인 아랫면은 연한 누런빛을 띤 갈색에서 진갈색으로 변하고, 바늘 모양이다.

아교버섯과

나는 때
봄~가을

크기
갓 지름 2~4cm

식독 여부
밝혀지지 않음

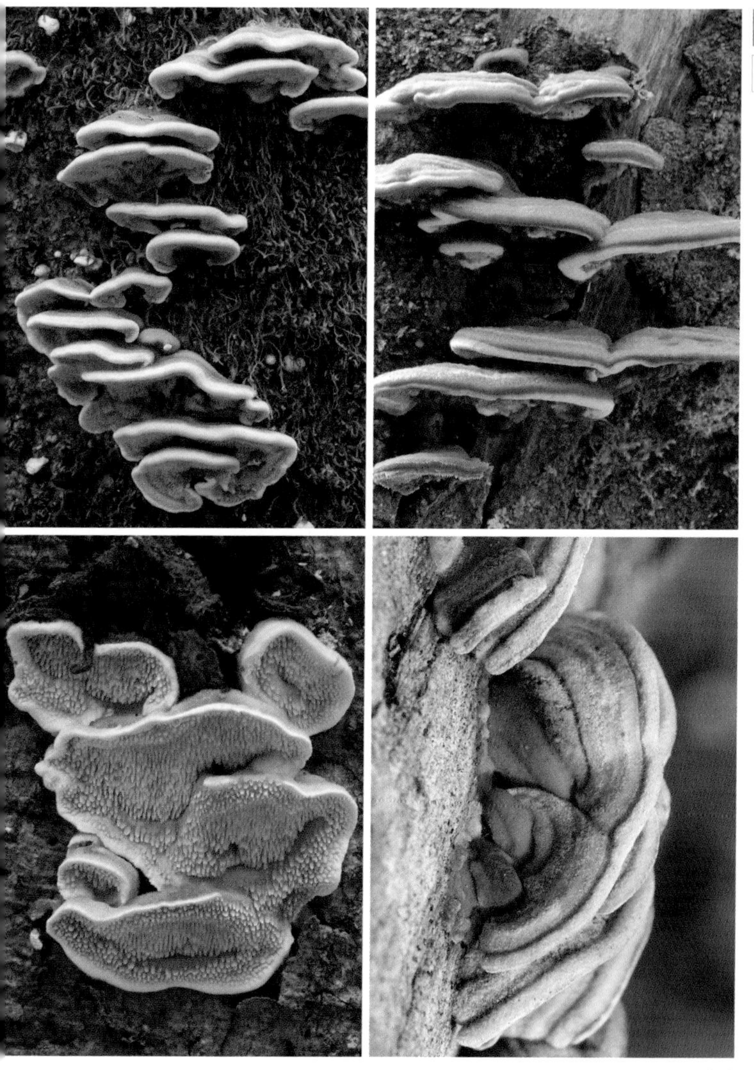

아교고약버섯(방사선아교고약버섯) *Phlebia radiata*

아교버섯과

활엽수(드물게 침엽수) 죽은 줄기 위에 난다. 배착생이고 자실층인 표면은 연한 오렌지색, 오렌지빛을 띤 붉은색, 분홍빛을 띤 재색, 황토색을 띤 누런색, 자줏빛을 띤 재색 등 다양하다. 우산살 모양으로 골이 있고, 주름져 있다. 나중에 사마귀 모양이 덮이거나 겹친 모양이 된다.

나는 때
봄~가을

크기
자실체 지름
수~수십 cm

식독 여부
밝혀지지 않음

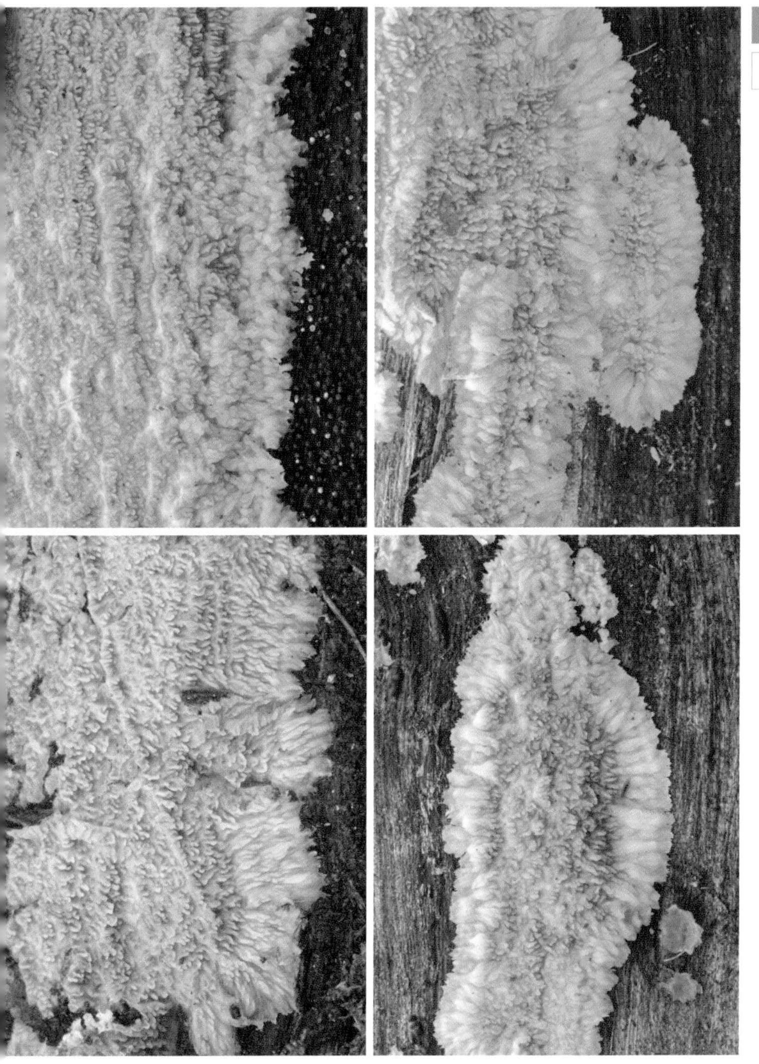

아교버섯 *Phlebia tremellosa*

아교버섯과

썩은 나무줄기 위에 겹쳐서 나거나 무리지어 난다. 반배착생이고 갓은 흰색에서 흰빛을 띠는 누런색이 되는 털로 덮여 있으며, 가장자리는 물결 모양이다. 자실층인 아랫면은 옅은 누런색에서 오렌지빛을 띤 분홍색~오렌지빛을 띤 갈색으로 변하고, 불규칙하게 주름져 독특한 무늬를 나타낸다.

나는 때
여름~가을

크기
갓 지름 2~8cm

식독 여부
밝혀지지 않음

긴송곳버섯 *Radulodon copelandii*

아교버섯과

죽은 나무줄기 위에 무리지어 난다. 배착생으로 기주 위에 넓게 퍼진다. 자실층인 표면은 흰색에서 크림색을 거쳐 연갈색~진갈색이 되고, 바늘 모양 돌기가 고드름처럼 촘촘히 붙어 있다. 가장자리는 기주와 밀착하며, 밋밋하고 돌기가 없다.

나는 때
여름~가을

크기
바늘 모양 돌기 길이 0.3~1.2cm

식독 여부
밝혀지지 않음

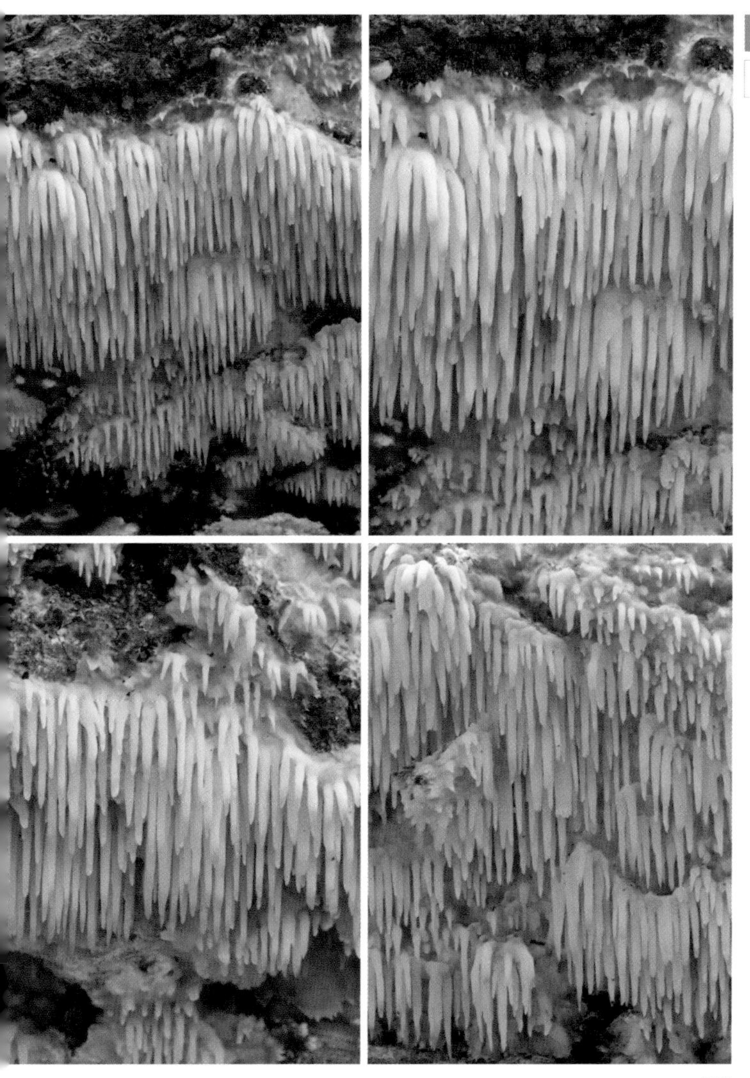

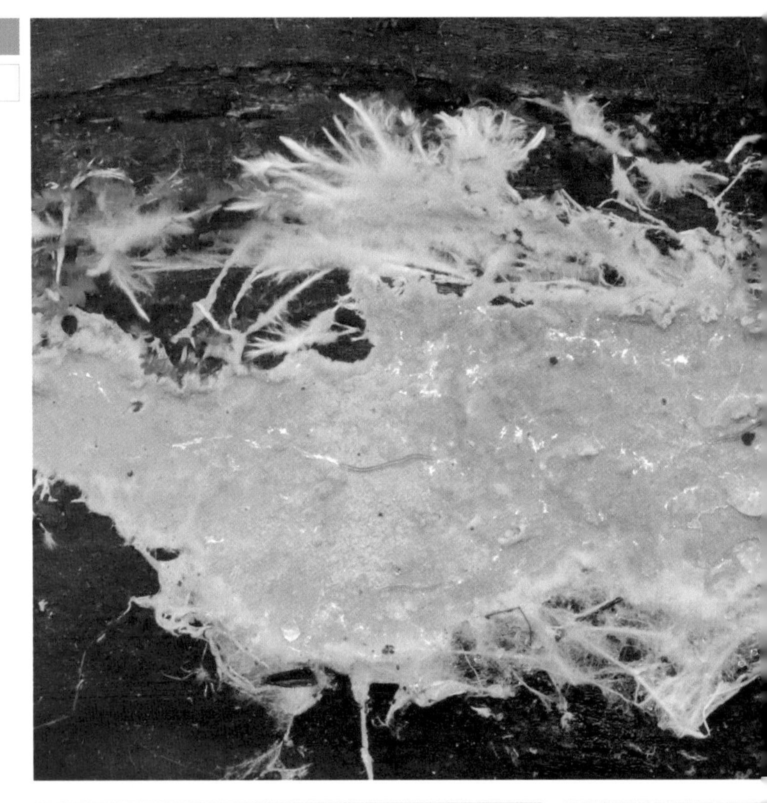

끈뿌리고약버섯(끈유색고약버섯) *Rhizochaete filamentosa*

유색고약버섯과

활엽수(드물게 침엽수) 죽은 줄기 위에 난다. 배착생으로 기주 위에 다소 느슨하게 붙어 넓게 퍼진다. 자실층인 표면은 크림색에서 누런빛~오렌지빛을 띤 갈색, 가운데는 자줏빛을 띤 갈색이 되고, 미세한 털로 덮여 있다. 자라는 부분인 가장자리는 흰 깃털 모양이다.

나는 때
1년 내내

크기
지름 수~수십 cm

식독 여부
밝혀지지 않음

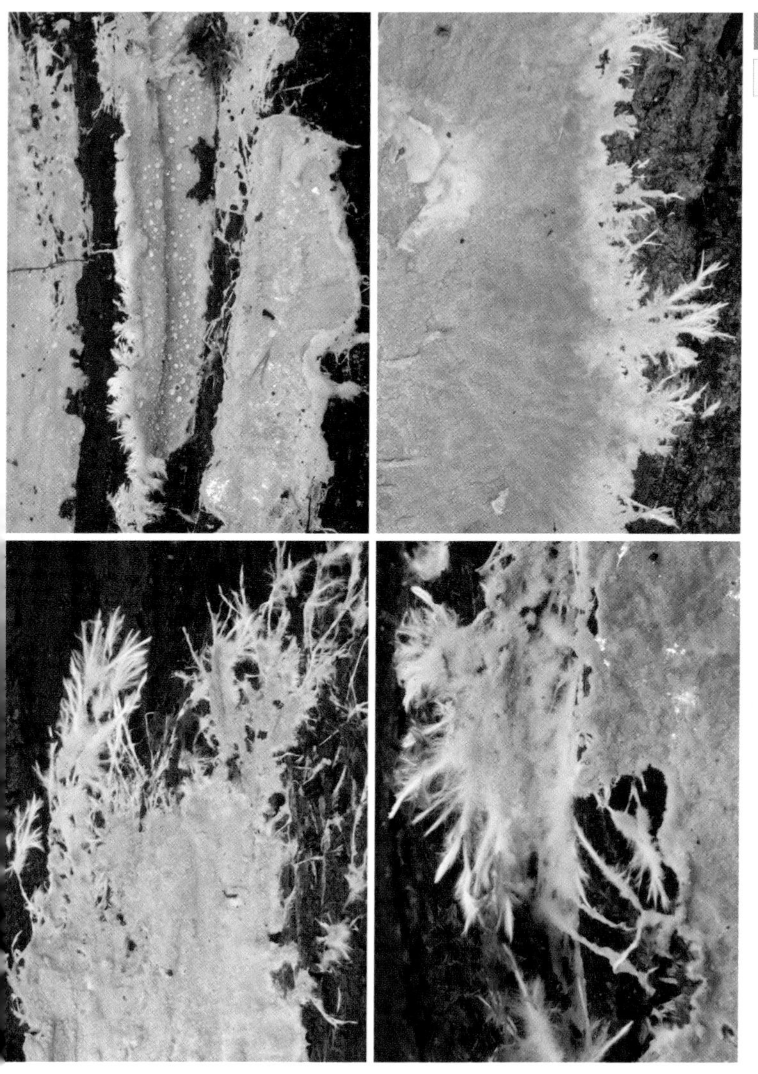

청자색모피버섯 *Terena caerulea*

유색고약버섯과

활엽수 죽은 줄기나 가지 위에 난다. 배착생으로 다른 개체와 합쳐지며 넓게 퍼진다. 표면은 청자색에서 짙은 청자색으로 변하고, 모피 같은 질감이다. 가장자리는 자랄 때 흰색이다. 살은 밀랍 같고, 마르면 페인트가 굳은 듯한 느낌이다.

나는 때
봄~가을

크기
지름 수~수십 cm

식독 여부
밝혀지지 않음

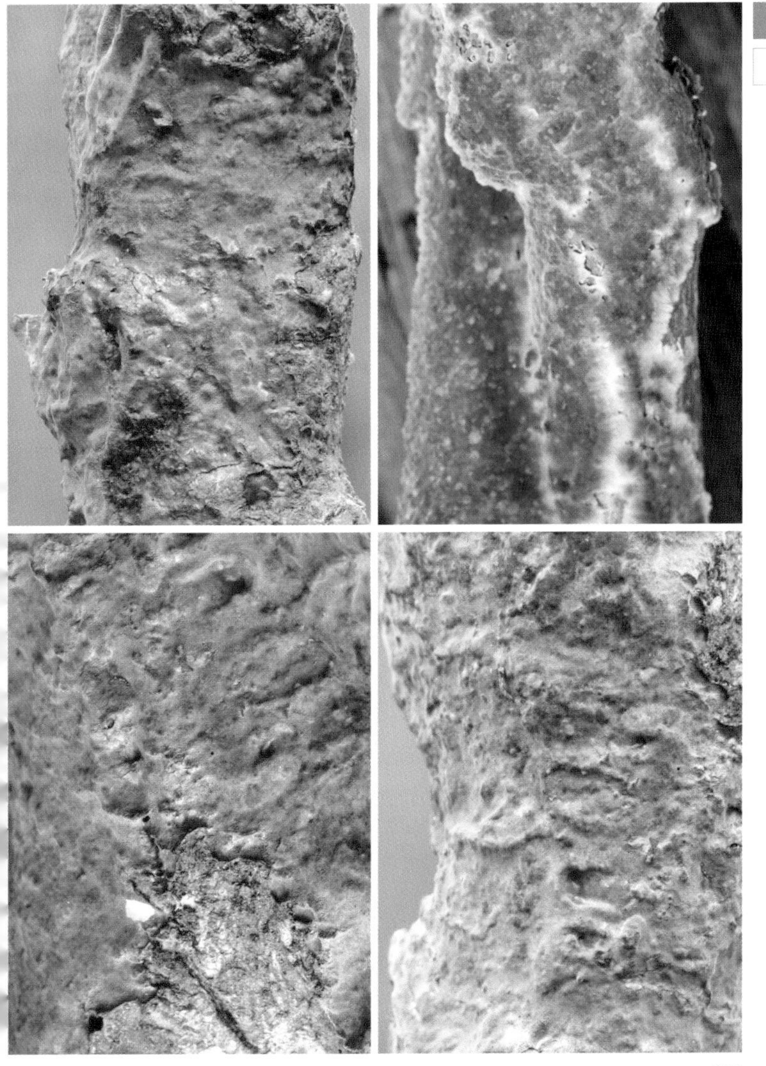

등갈색미로버섯 *Daedalea dickinsii*

활엽수 그루터기나 죽은 줄기 위에 난다. 갓은 반원이나 약간 말발굽 모양이며, 옅은 갈색에서 갈색 혹은 어두운 갈색으로 변하고, 오래 지나면 누런빛을 띤 갈색~허연색이 된다. 자실층인 아랫면은 관공으로 촘촘하고 원형에서 미로 모양이 되며, 흰색에서 연갈색으로 변한다.

잔나비버섯과

나는 때
봄~가을

크기
갓 지름 4~15cm

식독 여부
밝혀지지 않음

덕다리버섯 *Laetiporus sulphureus*

잔나비버섯과

활엽수 죽은 줄기에 한 개나 다발로 난다. 갓은 반원에서 부채 모양이 되며, 누런색을 띠다가 탁한 흰색~탁한 갈색으로 변하고, 면은 굴곡이 있다. 자실층인 아랫면은 관공으로 노란색이고 촘촘하다.

나는 때
여름~가을

크기
갓 지름 15~20cm

식독 여부
식용 버섯, 약용 버섯

갈색꽃구름버섯 *Stereum ostrea*

꽃구름버섯과

나는 때
1년 내내

크기
갓 지름 1~5cm

식독 여부
약용 버섯

활엽수 그루터기, 죽은 줄기나 가지 위에 겹쳐서 무리 지어 난다. 반배착생으로 갓은 잿빛을 띤 흰색 벨벳 같은 털이 있는 부분과 털이 거의 없는 갈색, 붉은빛을 띤 갈색이 번갈아 테 무늬를 나타낸다. 자실층인 아랫면은 대체로 납작하고 흰색, 누런빛을 띤 흰색, 연한 검은빛을 띤 갈색이다.

너털거북꽃구름버섯 *Xylobolus spectabilis*

활엽수 죽은 줄기나 가지 위에 무리지어 난다. 갓은 작은 부채 모양이고, 누런빛을 띤 갈색에서 붉은빛을 띤 갈색으로 변하며, 누런빛과 붉은빛이 도는 갈색 테 무늬가 있다. 갓 가장자리 방향으로 고랑이 생기고, 가장자리는 미세하게 갈라진다. 자실층인 아랫면은 연한 누런색에서 누런빛을 띤 갈색이 된다.

꽃구름버섯과

나는 때
1년 내내

크기
갓 지름 1cm 내외

식독 여부
밝혀지지 않음

굴털이젖버섯(굴털이) *Lactarius piperatus*

숲 속 땅 위에 무리지어 난다. 갓은 흰색에서 연한 누런색으로 변하고, 오래 지나면 누런색~누런빛을 띤 갈색 얼룩이 생긴다. 주름살은 촘촘하고 흰색에서 크림색이 되며, 자루에 내려 붙은 모양이다. 자루는 아래로 가늘어진다. 유액은 흰색이고 몹시 맵다.

무당버섯과

나는 때
여름~가을

크기
갓 지름 4~16cm
자루 길이 3~9cm

식독 여부
독버섯

노란젖버섯 *Lactarius chrysorrheus*

무당버섯과

숲 속 땅 위에 홀로 나거나 흩어져 난다. 갓은 누런빛을 띤 연주황색이고 진한 테 무늬가 있으며, 깔때기 모양이 된다. 주름살은 촘촘하고 크림색에서 연주황색으로 변하며, 내려 붙은 모양이다. 유액은 흰색이고 즉시 노란색으로 변한다.

나는 때
여름~가을

크기
갓 지름 3~8cm
자루 길이 4~7cm

식독 여부
독버섯

배젖버섯 *Lactarius volemus*

숲 속 땅 위에 홀로 나거나 적은 수로 무리지어 난다. 갓은 누런빛을 띤 갈색, 오렌지빛을 띤 갈색, 벽돌처럼 탁한 붉은빛을 띤 갈색이며, 납작하고 미끄러우나 미세한 가루로 덮여 있다. 주름살은 촘촘하고 흰색에서 연한 누런색이 된다. 유액은 흰색에서 갈색으로 변한다.

무당버섯과

나는 때
여름~가을

크기
갓 지름 5~12cm
자루 길이 6~10cm

식독 여부
식용 버섯, 약용 버섯

얇은갓젖버섯 *Lactarius subplinthogalus*

무당버섯과

활엽수림 땅 위에 홀로 나거나 흩어져 난다. 갓은 연노란색을 띤 갈색, 황토색, 잿빛을 띤 갈색으로 굴곡과 주름이 있다. 주름살은 간격이 성기고 크림색에서 연한 황토색에 가까워지며, 살짝 내려 붙은 모양이다. 유액은 흰색이다가 천천히 붉은색으로 변한다.

나는 때
여름~가을

크기
갓 지름 3~5.5cm
자루 길이 2.5~4.5cm

식독 여부
밝혀지지 않음

향기젖버섯 *Lactarius quietus*

활엽수림 땅 위에 홀로 나거나 흩어져 난다. 갓은 가죽같이 연붉은빛을 띤 갈색 불분명한 테 무늬가 있고, 마르면 정향 냄새가 난다. 주름살은 촘촘하고 흰색에서 연붉은빛을 띤 갈색으로 변한다. 자루 맨 아랫부분에 흰 털이 덮여 있다. 유액은 탁한 흰색이다.

무당버섯과

나는 때
여름~가을

크기
갓 지름 3~7cm
자루 길이 3~7cm

식독 여부
밝혀지지 않음

구리빛무당버섯(풀색무당버섯) *Russula aeruginea*

숲 속 땅 위에 홀로 나거나 흩어져 난다. 갓은 잿빛과 초록빛이 섞인 갈색, 초록색, 누런빛을 띤 초록색으로 옅어지고, 가장자리에 우산살 모양으로 홈이 있다. 주름살은 촘촘하고 흰색에서 연한 누런색이 된다. 자루도 흰색에서 연한 누런색으로 변한다.

무당버섯과

나는 때
여름~가을

크기
갓 지름 4~8cm
자루 길이 4~7cm

식독 여부
식용 버섯

기와버섯 *Russula virescens*

활엽수림 땅 위에 홀로 나거나 무리지어 난다. 갓은 매끈하고 누런빛을 띤 초록색이다가 곧 녹색이 증가하고 균열이 생기며, 불규칙한 다각형으로 갈라져 기와를 닮은 얼룩 모양이 된다. 주름살은 촘촘하고 흰색으로 자루에 떨어져 붙은 모양이다. 자루는 원기둥 모양이다.

무당버섯과

나는 때
여름

크기
갓 지름 6~12cm
자루 길이 5~10cm

식독 여부
식용 버섯, 약용 버섯

노랑무당버섯 *Russula flavida*

숲 속 땅 위에 홀로 나거나 흩어져 난다. 갓은 어릴 때 진한 노란색이다가 차츰 밝은 노란색이 되고, 겉껍질은 벗겨지지 않는다. 주름살은 촘촘하고 흰색에서 크림색으로 변하며, 자루 끝에 붙은 모양이다. 오래 지나면 자루 맨 아랫부분에만 노란색이 남는다.

무당버섯과

나는 때
여름~가을

크기
갓 지름 3~8cm
자루 길이 6~9cm

식독 여부
밝혀지지 않음

담갈색무당버섯 *Russula compacta*

활엽수림 땅 위에 흩어져 나거나 무리지어 난다. 갓은 반원에서 깔때기 모양이 되며, 연갈색~연붉은빛을 띤 갈색에서 황토색으로 변하고, 약간 거칠고 투박하며 작은 균열이 생긴다. 주름살은 촘촘하고 흰색인데, 상처가 나면 붉은빛을 띤 갈색 얼룩이 생긴다.

무당버섯과

나는 때
여름~가을

크기
갓 지름 7~10cm
자루 길이 4~6cm

식독 여부
밝혀지지 않음

목련무당버섯(흰꽃무당버섯) *Russula alboareolata*

무당버섯과

활엽수림 땅 위에 홀로 나거나 흩어져 나거나 무리지어 난다. 갓은 연한 흰빛을 띤 누런색 가루가 덮여 있다가 차츰 떨어져 매끈해지고 흰색이 되지만, 가운데를 중심으로 누런빛을 띤 갈색 얼룩이 생긴다. 주름살은 촘촘하고 흰색이다. 자루는 흰색이고 방망이 모양이다.

나는 때
여름~가을

크기
갓 지름 5~8cm
자루 길이 2~5.5cm

식독 여부
식용 버섯, 약용 버섯

밀짚색무당버섯 *Russula grata*

숲 속 땅 위에 무리지어 난다. 갓은 연한 누런빛을 띤 갈색, 황토색이고 가장자리에 우산살 모양으로 알갱이 같은 선이 있다. 주름살은 촘촘하고 자루 끝에 붙은 모양이며, 흰색에서 연한 흰빛을 띤 누런색이 되고 갈색 얼룩이 생긴다. 자루에 세로로 홈이 있다.

무당버섯과

나는 때
여름~가을

크기
갓 지름 5~9cm
자루 길이 3~9cm

식독 여부
밝혀지지 않음

조각무당버섯 *Russula vesca*

숲 속 땅 위에 홀로 나거나 흩어져 나거나 무리지어 난다. 갓은 연주황색, 자주색, 보라색, 누런색 등이 섞인 색으로 가장자리에 알갱이 모양 선이 짧게 나타난다. 주름살은 촘촘하고 흰색이며, 자루에 붙은 곳에서 두 개로 갈라진다. 자루에 세로로 홈이 있다.

무당버섯과

나는 때
여름

크기
갓 지름 4~10cm
자루 길이 3~9cm

식독 여부
식용 버섯

청머루무당버섯 *Russula cyanoxantha*

무당버섯과

활엽수림 땅 위에 몇 개씩 흩어져 나거나 무리지어 난다. 갓은 자주색, 연자주색, 초록빛을 띤 갈색, 연두색, 보라색, 누런빛을 띤 초록색이 섞여 변화가 많다. 주름살은 흰색으로 촘촘하고, 자루와 붙은 중간에서 갈라진다. 자루는 원기둥 모양이다.

나는 때
여름~가을

크기
갓 지름 6~15cm
자루 길이 3~6cm

식독 여부
식용 버섯, 약용 버섯

회갈색무당버섯 *Russula sororia*

숲 속 땅 위, 정원, 길가에 몇 개씩 흩어져 나거나 무리지어 난다. 갓은 연한 잿빛을 띤 갈색으로 가운데가 짙은 색이고 습할 때 끈적거리며, 가장자리에 알갱이 모양 주름진 홈이 뚜렷하다. 주름살은 흰색이고 간격이 약간 성기다. 자루는 위아래로 가늘어진다.

무당버섯과

나는 때
여름~가을

크기
갓 지름 3~6cm
자루 길이 2~6cm

식독 여부
밝혀지지 않음

흙무당버섯 *Russula senecis*

숲 속 땅 위에 무리지어 난다. 갓은 황토색에서 탁한 황토색으로 변하고, 겉껍질이 갈라져 꽃잎 무늬가 나타난다. 주름살은 촘촘하고 자루에 떨어져 붙은 모양이며, 흰색에서 갈색 얼룩이 생겨 지저분해 보인다. 자루는 원기둥 모양이다.

무당버섯과

나는 때
여름~가을

크기
갓 지름 5~10cm
자루 길이 4~10cm

식독 여부
독버섯

민뿌리버섯 *Heterobasidion ecrustosum*

침엽수 그루터기나 죽은 줄기 위에 겹쳐서 난다. 반배착생으로 갓은 자루 맨 아랫부분부터 서서히 붉은빛을 띤 갈색~검은빛이 도는 갈색을 띠며 희미한 테 무늬가 있고, 가장자리는 자랄 때 흰색이나 연한 누런색이다. 자실층인 아랫면은 관공이고, 흰색에서 크림색으로 변한다.

뿌리버섯과

나는 때
여름~가을

크기
갓 너비 6cm
폭 3.5cm 정도

식독 여부
밝혀지지 않음

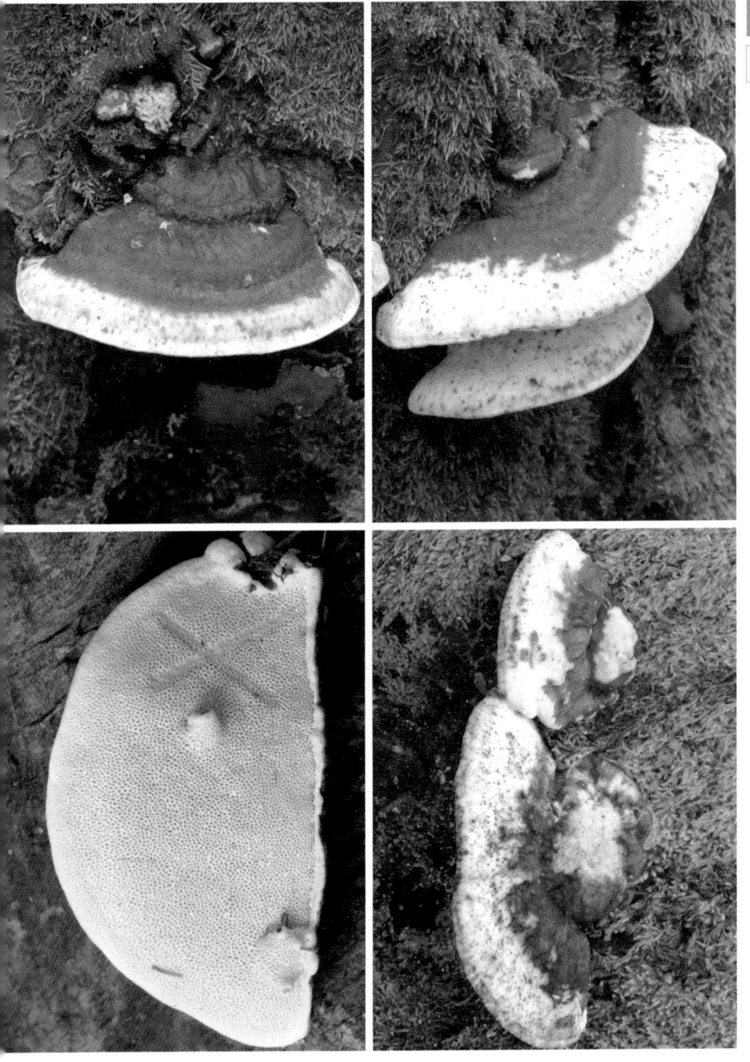

좀나무싸리버섯 *Artomyces pyxidatus*

솔방울털버섯과

나무 그루터기나 죽은 줄기 위에 무리지어 난다. 자실체는 'U 자' 모양으로 갈라지고, 한 마디에서 난 가지 3~6개가 여러 번 다시 갈라져 산호 모양이 된다. 자실체는 연한 누런빛을 띤 갈색에서 붉은빛~흰빛을 띤 누런색이 된다. 자루 맨 아랫부분에 분홍빛을 띤 갈색 보드라운 털 뭉치가 있다.

나는 때
여름~가을

크기
높이 5~13cm

식독 여부
식용 버섯, 약용 버섯

솔방울털버섯 *Auriscalpium vulgare*

침엽수림 땅이나 땅에 묻힌 솔방울 위에 1~2개씩 난다. 갓은 반원이나 콩팥 모양이고, 밝은 갈색~누런빛을 띤 갈색에서 붉은빛을 띤 갈색이 되며, 거친 털이 덮여 있다. 자실층인 아랫면은 흰색에서 갈색으로 짙어지고, 바늘 모양이다. 자루는 어두운 갈색이고, 미세한 털이 덮여 있다.

솔방울털버섯과

나는 때
여름~가을

크기
갓 지름 1~2cm
자루 길이 2~6cm

식독 여부
밝혀지지 않음

종이애기꽃버섯 *Stereopsis burtiana*

Stereopsidaceae

숲 속 부엽토나 땅에 묻힌 나뭇조각 위에 무리지어 난다. 갓은 갈색이다가 점차 옅은 색이 되며 광택이 나고, 우산살 모양 섬유 무늬와 희미한 테 무늬가 있다. 오래 지나면 톱니 모양으로 찢어진다. 자실층인 아랫면은 매끄러운데 주름이 약간 있고, 갓보다 옅은 색이다.

나는 때
여름~가을

크기
갓 지름 0.5~2cm
자루 길이 1~2cm

식독 여부
밝혀지지 않음

고리갈색깔때기버섯 *Hydnellum concrescens*

숲 속 낙엽이 쌓인 땅이나 이끼 위에 홀로 나거나 다발로 난다. 갓은 흰색에서 바깥쪽으로 자라며 가운데가 갈색~붉은빛을 띤 갈색이 된다. 자실층인 아랫면은 연갈색에서 붉은빛을 띤 갈색으로 변하고, 바늘 같은 돌기가 무수히 돋아 있다. 자루는 상처가 나면 검은색이 된다.

노루털버섯과

나는 때
여름~가을

크기
갓 지름 2~5cm
자루 길이 1~3cm

식독 여부
밝혀지지 않음

무늬노루털버섯(개능이) *Sarcodon scabrosus*

숲 속 땅 위에 홀로 나거나 무리지어 난다. 갓은 연갈색에서 갈색으로 변하고, 미세한 털이 덮여 있다가 자라면서 겉껍질이 갈라져 납작한 비늘 조각이 된다. 가장자리는 아래로 말려 있다. 자실층인 아랫면은 잿빛을 띤 흰색에서 자줏빛을 띤 갈색이 되고, 바늘 같은 돌기가 무수히 돋아 있다.

노루털버섯과

나는 때
여름~가을

크기
갓 지름 5~12cm
자루 길이 3~4cm

식독 여부
약용 버섯

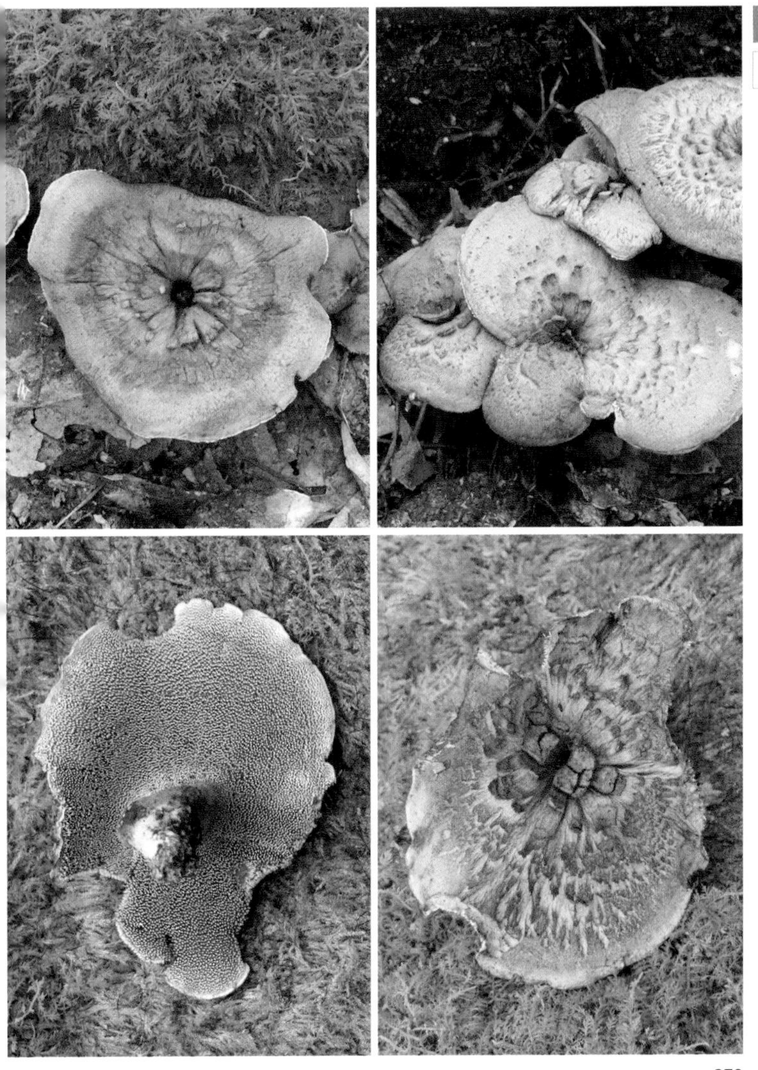

주먹사마귀버섯 *Thelephora aurantiotincta*

숲 속 땅 위에 홀로 나거나 무리지어 난다. 갓은 연한 오렌지빛을 띤 누런색에서 오렌지빛을 띤 갈색~오렌지빛을 띤 검은색으로 변하며, 우산살 모양 주름과 심한 요철이 있다. 가장자리는 흰색이다. 자실층인 아랫면은 짙은 붉은빛을 띤 갈색으로, 어두운 갈색 사마귀 같은 돌기가 무수히 많다.

사마귀버섯과

나는 때
여름~가을

크기
자실체 너비 5~10cm
높이 5~8cm

식독 여부
밝혀지지 않음

금강초롱버섯 *Guepiniopsis buccina*

활엽수 죽은 줄기나 가지 위에 무리지어 난다. 자실체 머리 부분은 가운데가 오목한 밥그릇 모양이다가 자라면서 접시 모양으로 넓어지고, 가장자리는 불규칙한 톱니 모양이다. 안쪽은 매끄럽고, 오렌지빛을 띤 누런색에서 연한 누런색이 된다. 자루 부분에 잎맥 모양 주름이 있다.

붉은목이과

나는 때
여름~가을

크기
길이 0.6~1.5cm

식독 여부
밝혀지지 않음

꽃흰목이 *Phaeotremella foliacea*

활엽수 죽은 줄기나 가지 위에 난다. 자실체는 물결 같은 겹꽃 모양이다. 표면은 연분홍색에서 연자줏빛을 띤 갈색이 되고, 추울 때 발생한 것은 허옇게 바래기도 한다. 살은 반투명하고 부드러우나, 마르면 진갈색이 되고 오므라든다.

흰목이과

나는 때
봄~가을

크기
지름 6~12cm
높이 3~6cm

식독 여부
식용 버섯

점흰목이 *Tremella coalescens*

활엽수 죽은 줄기나 가지 위에 난다. 자실체는 자루가 없이 기주에 직접 붙고 원반이나 방석 모양이며, 가장자리는 물결같이 겹친 꽃잎 모양이다. 표면은 계피같이 붉은색, 갈색~검은빛을 띤 갈색으로 마르면 검은색 껍질 모양이 된다. 살은 부드럽고 반투명한 젤라틴 같은 질감이다.

흰목이과

나는 때
여름~가을

크기
지름 2~5cm
높이 1~2.5cm

식독 여부
밝혀지지 않음

황금흰목이 *Tremella mesenterica*

활엽수 죽은 줄기나 가지 위에 난다. 자실체는 노란색~오렌지빛을 띤 누런색으로, 어릴 때 작은 주머니 모양이다가 자라서 다른 개체와 합쳐지면 물결 같은 주름이 진 덩어리 모양이 된다. 마르면 오므라들어 연골질이 된다. 살은 누런빛을 띤 흰색, 노란색, 붉은빛을 띤 누런색이고 젤라틴 같은 질감이다.

흰목이과

나는 때
봄~가을

크기
자실체 너비 5~6cm
높이 3~4cm

식독 여부
식용 버섯, 약용 버섯

흰목이 *Tremella fuciformis*

활엽수 죽은 줄기나 가지 위에 홀로 난다. 자실체는 흰색이고 반투명한 젤라틴 같은 질감이며, 닭 볏이나 물결 같은 겹꽃 모양이다. 마르면 오므라들어 연골질이 된다. 살은 반투명하고 유연한 젤라틴 같은 질감이다. 포자를 형성하는 자실층이 전체 표면에 발달한다.

흰목이과

나는 때
여름

크기
지름 3~8cm
높이 2~5cm

식독 여부
식용 버섯

자낭균문

검은마귀숟갈버섯 *Trichoglossum hirsutum*

숲 속 땅 위, 정원, 이끼 낀 땅에 무리지어 난다. 자실체는 둥근 듯 납작하거나 삽이나 곤봉 모양이다. 자실층인 머리 부분은 검은색으로 납작하고 미끄러우며, 오래 지나면 흰색 가루가 덮이기도 한다. 자루는 검은색으로 미세한 털이 있다. 머리와 자루의 경계가 뚜렷하지 않다.

콩나물버섯과

나는 때
여름~가을

크기
머리 지름 0.5~1.5cm
전체 길이 1.5~7cm

식독 여부
밝혀지지 않음

균핵술잔버섯 *Dumontinia tuberosa*

미나리아재비과 아네모네, 바람꽃 종류의 군락이 있는 땅 위에 무리지어 난다. 자실체의 머리 부분은 검은빛을 띤 갈색~어두운 붉은빛을 띤 갈색이고, 술잔이나 밥그릇, 깔때기 등 여러 가지 모양이다. 바깥 면은 안쪽 면보다 색이 약간 연하다. 자루는 어두운 갈색이고, 맨 아랫부분에 균핵이 달려 있다.

균핵버섯과

나는 때
봄

크기
머리 지름 1~3cm
자루 길이 2~10cm

식독 여부
밝혀지지 않음

동백균핵접시버섯 *Ciborinia camelliae*

동백나무 숲에 떨어진 썩은 꽃잎 위에 난다. 자실체는 곤봉 모양에서 접시 모양, 얕은 접시 모양이 된다. 접시 모양 머리 표면과 아랫면은 갈색~붉은빛과 어두운 잿빛이 섞인 갈색이다. 자실체 아랫면에 가루가 약간 붙어 있다. 자루 맨 아랫부분에 균핵이 달려 있다.

균핵버섯과

나는 때
봄

크기
머리 지름 0.3~1.8cm
자루 길이 1~10cm

식독 여부
밝혀지지 않음

오디양주잔버섯(오디균핵버섯) *Ciboria shiraiana*

땅에 떨어진 오디(뽕나무 열매) 위에 난다. 균핵에서 자실체가 형성된다. 자실체의 머리 부분은 작은 술잔 모양이다. 자실층인 안쪽은 갈색으로 매끄럽고, 가장자리는 오래 지나면 톱니 모양이 된다. 바깥 면은 안쪽과 같은 색이고, 미세한 가루로 덮여 있다. 자루는 머리와 같은 색이다.

균핵버섯과

나는 때
봄

크기
머리 지름 1~3cm
자루 길이 1~3.5cm

식독 여부
밝혀지지 않음

녹청균 *Chlorociboria aeruginosa*

활엽수 썩은 줄기 위에 무리지어 난다. 자실체는 술잔 모양에서 접시 모양을 거쳐 납작해지고, 마르거나 오래 지나면 뒤틀린다. 자실층인 윗면은 푸른빛을 띤 초록색이고 매끄럽지만, 때때로 누런색 반점이 생긴다. 바깥 면은 흰색에서 푸른빛을 띤 초록색으로 변한다. 자루는 매우 짧고 가운데 난다.

녹청버섯과

나는 때
봄~가을

크기
지름 0.2~0.6cm

식독 여부
밝혀지지 않음

녹청접시버섯(주걱녹청균) *Chlorencoelia versiformis*

활엽수 썩은 줄기 위에 홀로 나거나 무리지어 난다. 자실체는 오목한 접시 모양에서 다 자라면 납작한 접시 모양이 되고, 가장자리는 물결 같은 모양이다. 자실층인 윗면은 누런빛을 띤 초록색으로 매끄럽고, 아랫면은 윗면보다 짙은 색이며, 미세한 털이 덮여 있다. 자루는 거의 없다.

녹청접시버섯과

나는 때
여름~가을

크기
지름 0.7~1cm

식독 여부
밝혀지지 않음

짧은대꽃잎버섯 *Ascocoryne cylichnium*

물두건버섯과

활엽수 썩은 줄기 위에 홀로 나거나 다발로 난다. 자실체는 둥글다가 가운데가 벌어지면서 접시 모양, 국그릇 모양이 되고 납작해진다. 자실층인 윗면은 매끄럽고 연붉은빛을 띤 자주색에서 오래 지나면 짙어지고, 바깥 면은 윗면과 같은 색이다. 살은 젤리 같은 질감이다.

나는 때
가을

크기
지름 0.5~2cm

식독 여부
밝혀지지 않음

황색고무버섯(황색황고무버섯) *Bisporella citrina*

활엽수 껍질 없는 썩은 부분에 무리지어 난다. 자실체는 얕은 컵이나 접시 모양이고, 자라면서 납작해진다. 자실층인 윗면은 레몬색에서 진한 누런색이 되고, 바깥 면은 윗면과 같은 색으로 납작하고 미끄럽다. 자루는 깔때기 모양으로, 매우 짧거나 거의 없다.

물두건버섯과

나는 때
여름~가을

크기
지름 0.1~0.3cm

식독 여부
밝혀지지 않음

긴황고무버섯 *Dicephalospora rufocornea*

물두건버섯과

활엽수 죽은 줄기나 가지 위에 무리지어 난다. 자실체는 압정을 닮았다. 자실층인 머리 부분은 얇은 컵에서 접시 모양을 거쳐 납작해지고 매끄러우며, 진한 누런색에서 오렌지색으로 변한다. 아랫면은 흰빛을 띤 누런색이다. 자루는 아래로 가늘어진다.

나는 때
여름~가을

크기
머리 지름 0.2~0.5cm
자루 길이 0.2~1cm

식독 여부
밝혀지지 않음

균핵꼬리버섯 *Scleromitrula shiraiana*

땅에 떨어진 오디 위에 난다. 균핵에서 자실체가 형성된다. 자실층인 머리 부분은 표면이 갈색으로 찌그러진 방추형이나 대추 씨 모양이고, 끝은 뾰족하며 세로로 홈이 여러 개 있다. 자루는 머리와 같은 색으로, 가늘고 보통 휘었다.

자루접시버섯과

나는 때
봄

크기
머리 길이 1~2cm
자루 길이 3~6cm

식독 여부
밝혀지지 않음

콩두건버섯 *Leotia lubrica*

숲 속 땅 위에 무리지어 난다. 자실층인 머리 부분은 가장자리가 안으로 말리고 불규칙하게 굴곡이 있는 원 모양이며, 황토색에서 누런빛을 띤 초록색이 되고 매우 끈적거린다. 살은 젤리 같은 질감이다. 자루는 옅은 누런색으로, 미세한 가루 같은 비늘 조각이 덮여 있다.

두건버섯과

나는 때
여름~가을

크기
머리 길이 1~1.2cm
전체 길이 3~6cm

식독 여부
밝혀지지 않음

곰보버섯 *Morchella esculenta*

곰보버섯과

은행나무나 벚나무 등이 있는 주변 땅 위에 홀로 나거나 무리지어 난다. 자실체의 머리는 원뿔이나 달걀 모양에 가깝다. 자실층인 위쪽 표면은 검은빛을 띤 갈색에서 누런빛을 띤 갈색을 거쳐 연한 누런빛을 띤 갈색으로 변하고, 다각형이나 그물눈 같은 홈이 있다. 자루는 크림색으로 약간 울퉁불퉁하다.

나는 때
봄

크기
머리 길이 3~6cm
자루 길이 1~4cm

식독 여부
식용 버섯, 약용 버섯

털작은입술잔버섯 *Microstoma floccosum*

활엽수 죽은 줄기나 가지 위에 무리지어 난다. 자실체는 닫힌 컵 모양에서 점차 입구가 열리며 작은 술잔 모양이 된다. 자실층인 윗면은 짙은 붉은색~주황색으로 매끄럽다. 가장자리와 바깥 면은 길고 흰 털이 덮여 있다. 자루는 위아래 굵기가 같다.

술잔버섯과

나는 때
여름~가을

크기
머리 지름 0.5~1cm
자루 길이 0.5~2cm

식독 여부
밝혀지지 않음

술잔버섯 *Sarcoscypha coccinea*

활엽수 썩은 줄기 위에 홀로 나거나 무리지어 난다. 자실체는 술잔이나 찻잔 모양에서 접시 모양이 된다. 자실층인 윗면은 매끄럽고 주홍색에서 붉은색, 오렌지빛을 띤 붉은색으로 변하며, 가장자리는 안쪽으로 굽어 있다. 바깥 면은 흰색 알갱이 같은 비늘 조각과 솜털로 덮여 있다.

술잔버섯과

나는 때
늦가을~이듬해 봄

크기
지름 1~5cm

식독 여부
밝혀지지 않음

기둥안장버섯(긴대주발버섯) *Helvella macropus*

숲 속 땅 위에 홀로 난다. 자실체의 머리 부분은 오목한 밥그릇이나 접시 모양이다. 자실층인 윗면은 매끄럽고 연한 재색에서 잿빛을 띤 갈색으로 변한다. 바깥면은 융 같은 털로 촘촘히 덮여 있다. 자루는 재색으로 융 같은 털이 있고, 아래쪽으로 약간 굵어진다.

안장버섯과

나는 때
여름~가을

크기
머리 길이 1.5~3cm
자루 길이 2~5cm

식독 여부
밝혀지지 않음

덧술안장버섯(덧술잔안장버섯) *Helvella ephippium*

숲 속 땅 위에 홀로 나거나 무리지어 난다. 자실체의 머리 부분은 접시 모양에서 안장 모양으로 뒤집히고, 오래 지나면 불규칙하게 뒤틀린다. 자실층인 윗면은 매끄럽고, 재색에서 짙은 잿빛을 띤 누런색이 된다. 바깥 면은 잿빛을 띤 갈색이고, 재색 융 같은 털로 덮여 있다.

안장버섯과

나는 때
여름~가을

크기
머리 길이 1.5~3cm
자루 길이 1.5~5cm

식독 여부
밝혀지지 않음

안장버섯(검은안장버섯) *Helvella lacunosa*

숲 속 땅 위, 공원, 풀밭에 홀로 나거나 무리지어 난다. 자실체의 머리 부분은 안장 모양이나 불규칙하게 뒤틀린 안장 모양이다. 자실층인 윗면은 잿빛을 띤 검은색에서 검은빛을 띤 갈색을 거쳐 허옇게 바래고, 매끄럽지만 울퉁불퉁하다. 자루는 연한 잿빛을 띤 갈색이고, 세로로 홈이 있다.

안장버섯과

나는 때
여름~가을

크기
머리 길이 2~5cm
자루 길이 3~6cm

식독 여부
식용 버섯

예쁜술잔버섯 *Caloscypha fulgens*

침엽수림 땅 위나 썩은 나무에 홀로 나거나 무리지어 난다. 자실체는 어릴 때 공 모양에서 위쪽 가운데가 벌어져 술잔 모양이 되고, 일그러지면서 불규칙한 컵이나 접시 모양으로 변한다. 자실층인 안쪽은 밝은 누런색에서 오렌지빛을 띤 누런색이 된다.

예쁜술잔버섯과

나는 때
봄, 가을

크기
지름 1.5~4cm

식독 여부
밝혀지지 않음

들주발버섯 *Aleuria aurantia*

숲 속 땅 위, 길가나 임도 같은 모래땅 위에 홀로 나거나 무리지어 난다. 자실체는 밥그릇 모양에서 자라면 접시 모양이 됐다가, 납작해지거나 물결 모양으로 변한다. 자실층인 윗면은 주황색으로 매끄럽고, 바깥면은 주황색 바탕에 흰색 가루 같은 털이 덮여 있다. 자루는 없다.

털접시버섯과

나는 때
여름~가을

크기
지름 2~6cm

식독 여부
식용 버섯

주머니째진귀버섯 *Otidea alutacea*

숲 속의 부엽토 위에 흩어져 나거나 다발로 난다. 자실체는 동물의 째진 귀 모양이다가, 자라면 불규칙한 물결 모양이나 찌그러진 모양이 된다. 자실층인 윗면은 연갈색, 잿빛을 띤 갈색, 갈색이다. 아랫면은 연갈색에서 갈색으로 변한다.

털접시버섯과

나는 때
여름~가을

크기
너비 2~4cm
높이 2~6cm

식독 여부
밝혀지지 않음

침접시버섯 *Scutellinia erinaceus*

털접시버섯과

쓰러진 활엽수의 축축한 줄기 위에 무리지어 난다. 자실체는 얕은 컵이나 접시 모양에서 다 자라면 납작해진다. 자실층인 윗면은 오렌지빛을 띤 누런색으로 매끄럽고, 가장자리에 긴 털이 울타리처럼 있다. 아랫면은 윗면과 같은 색이고, 짧은 갈색 털이 덮여 있다. 자루는 없다.

나는 때
봄~초겨울

크기
지름 2~3cm

식독 여부
밝혀지지 않음

백강균 *Beauveria bassiana*

숲 속 각종 곤충의 몸 위에 난다. 자실체는 불완전 세대로 하늘소나 사마귀, 매미, 메뚜기, 딱정벌레 등 각종 곤충에 침입해 기주 표면에 흰색 분생포자를 형성한다. 분생포자가 계속 발달해 곤충의 몸에 흰색 가루가 덮인 모양이 된다.

동충하초과

나는 때
여름~가을

크기

식독 여부
약용 버섯

매미꽃동충하초(매미나방꽃동충하초) *Isaria sinclairii*

숲 속 매미 종류의 번데기나 애벌레에 기생해서 홀로 나거나 다발로 난다. 자실체의 머리 부분은 긴 타원형이나 긴 방추형이며, 흰색에서 연한 흰빛을 띤 누런색으로 변하는 가루 모양 분생포자로 덮여 있다. 자루는 연갈색이나 오렌지빛을 띤 누런색으로 원기둥 모양이고, 아랫부분은 흰색이다.

동충하초과

나는 때
여름

크기
높이 2~4cm

식독 여부
약용 버섯

동충하초 *Cordyceps militaris*

숲 속 나비목 번데기나 애벌레에 기생해서 홀로 나거나 무리지어 난다. 자실체는 곤봉 모양으로 머리 부분은 원기둥 모양이나 방추형이며, 오렌지빛을 띤 누런색에서 오렌지색이 된다. 자낭각은 표면보다 짙은 색으로, 다소 둥글고 약간 튀어나왔다. 자루는 원기둥 모양이다.

동충하초과

나는 때
여름~가을

크기
머리 길이 1~2cm
자루 길이 1~4cm

식독 여부
약용 버섯

붉은동충하초 *Cordyceps roseostromata*

숲 속 딱정벌레목 애벌레에 기생해서 홀로 나거나 무리지어 난다. 자실체의 머리 부분은 붉은색 타원형이나 원기둥 모양이다. 자낭각은 작은 삼각뿔 모양으로 튀어나왔다. 자루는 원기둥 모양이고, 맨 아랫부분은 흰색 균사속이 기주와 연결된다.

동충하초과

나는 때
여름

크기
머리 길이 0.5~1.5cm
자루 길이 0.5~1.5cm

식독 여부
약용 버섯

가는기생동충하초 *Ophiocordyceps gracilioides*

숲 속 딱정벌레목 애벌레에 기생해서 1~2개가 발생한다. 자실체의 머리 부분은 공 모양으로, 누런빛을 띤 갈색에서 보라색이 도는 연갈색이 된다. 자낭각은 표면보다 진한 색 구멍이 미세한 점 모양으로 촘촘하다. 자루는 흰색에 가깝고 원기둥 모양이다.

잠자리동충하초과

나는 때
여름

크기
머리 길이 0.5~0.6cm
자루 길이 3~5cm

식독 여부
밝혀지지 않음

노린재기생동충하초(노린재포식동충하초) *Ophiocordyceps nutans*

숲 속 노린재목 곤충에 기생해서 1~2개 난다. 자실체의 머리 부분은 긴 타원형이고, 붉은색에서 주황색으로 변한다. 자낭각은 표면보다 짙은 색이고, 점 모양으로 촘촘하며, 자라면 구멍으로 포자를 내보낸다. 자루는 굴곡이 있는 철사 모양이다.

잠자리동충하초과

나는 때
여름~가을

크기
머리 길이 0.4~0.7cm
자루 길이 5~15cm

식독 여부
밝혀지지 않음

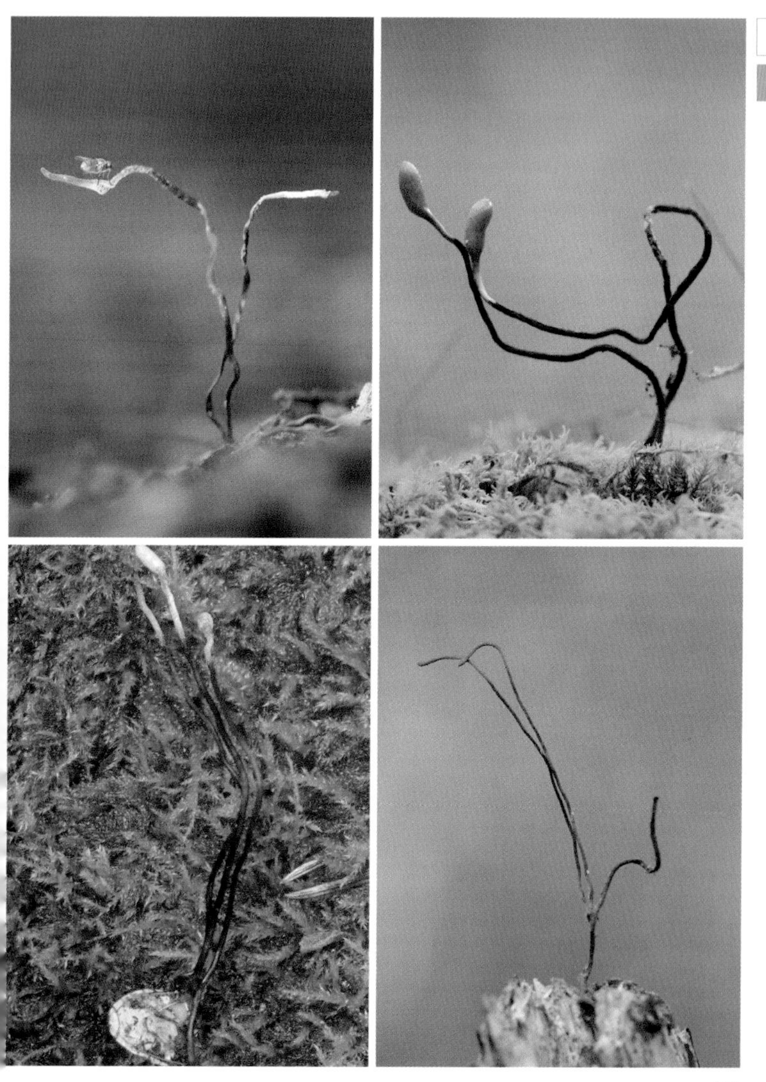

귀두속버섯 *Hypomyces hyalinus*

주로 광대버섯류 자실체 위에 난다. 자실체는 귀두가 있는 남근 모양이다. 광대버섯류에 속버섯속 균이 침입해 자실체가 기형으로 자란다. 표면은 흰색, 짙은 누런빛을 띤 갈색~오래 된 구릿빛이고, 미세한 솜 찌꺼기 모양이나 알갱이 모양 자낭각으로 덮여 있다.

점버섯과

나는 때
여름~가을

크기
기주인 자실체와 같음

식독 여부
밝혀지지 않음

콩버섯 *Daldinia concentrica*

활엽수 죽은 줄기나 가지 위에 무리지어 난다. 자실체는 반원이나 찌그러진 공, 혹 같은 모양이다. 자좌는 재색에서 갈색, 붉은빛을 띤 갈색이다가 오래 지나면 검은색으로 변한다. 자낭각의 포자 방출 구멍이 작은 점으로 미세하게 도드라진다. 자라면 구멍으로 포자를 내보낸다.

팥버섯과

나는 때
여름~가을

크기
지름 1~4cm

식독 여부
약용 버섯

당귀야자버섯(땅콩버섯) *Entonaema liquescens*

활엽수 썩은 줄기 위에 홀로 나거나 무리지어 난다. 때로는 겹쳐 나기도 한다. 자실체는 공 모양이나 불규칙한 공 모양이다. 표면은 밝은 누런색에서 누런색을 거쳐 밝은 누런빛을 띤 갈색으로 변하고, 상처가 나면 진한 오렌지색이 된다. 안에는 당귀 냄새가 나고 젤라틴처럼 물렁한 물질이 들어 있다.

팥버섯과

나는 때
여름~가을

크기
지름 2~4cm

식독 여부
밝혀지지 않음

긴발콩꼬투리버섯 *Xylaria longipes*

활엽수 죽은 줄기나 가지 위에 무리지어 난다. 자실체는 방망이 모양으로 위쪽은 연갈색, 아래는 검은빛을 띤 갈색이다. 자낭각이 생기면 표면이 거칠어지고, 점 모양 작은 돌기가 촘촘하게 퍼진다. 자루는 미세한 털로 덮여 있다.

콩꼬투리버섯과

나는 때
봄~가을

크기
높이 3~6cm
자루 길이 1~3cm

식독 여부
밝혀지지 않음

다형콩꼬투리버섯 *Xylaria polymorpha*

활엽수 썩은 그루터기, 줄기 위에 무리지어 난다. 자실체는 가운데가 뚱뚱하고, 불규칙한 곤봉 모양이나 짧은 방망이 모양이다. 표면은 위쪽이 연갈색이고, 아래쪽이 검은색이다. 자낭각이 발달하면 표면이 울퉁불퉁해지고, 사마귀 모양 돌기가 생긴다. 자루는 매우 짧다.

콩꼬투리버섯과

나는 때
봄~가을

크기
높이 3~7cm
굵기 1~3cm

식독 여부
밝혀지지 않음

참고 문헌

단행본

이상선, 《제주 야생 버섯》, 황소걸음, 2021.

최호필, 《야생 버섯 도감 : 1년간의 식용 버섯 기행》, 아카데미북, 2018.

최호필 · 고효순, 《화살표 버섯 도감》, 자연과생태, 2017.

이태수, 《식용 · 약용 · 독버섯과 한국버섯 목록》, 한택식물원, 2016.

최호필, 《버섯대도감》, 아카데미북, 2015.

가강현 · 박원철 외, 《숲 속의 독버섯》, 국립산림과학원, 2014.

석순자 · 권순우 외, 《숲 속의 식용 버섯》, 국립농업과학원, 2014.

국립수목원, 《버섯 생태 도감 : 우리 숲에서 자라는 버섯 561종》, 지오북, 2012.

고평열 · 김찬수 외, 《제주 지역의 야생 버섯》, 국립산림과학원, 2009.

인터넷 사이트

국립생물자원관(https://species.nibr.go.kr/index.do), '2020 국가생물종목록'

제주의숲과길(https://blog.naver.com/sangs2)

찾아보기

가

나

다

마

바

사

아

자

차

카

타

파